"十四五"职业教育国家规划教材配套用书

数控车床编程与操作练习册

第2版

主编　朱明松　朱德浩

参编　徐伏健　陈雅雯　侯宏强　杨同亮

　　　史中方　陈其梅　李平平

主审　陶建东

机械工业出版社

本书与朱明松主编的《数控车床编程与操作项目教程（第4版）》《数控车削编程与加工（FANUC 系统）（第2版）》《数控车削编程与加工（SIEMENS 系统）（第2版）》配套使用。其中，使用《数控车床编程与操作项目教程（第4版）》时，有"＊"的任务为选用内容，其余内容按任务名称对应选用即可；题目后加（F）的为《数控车削编程与加工（FANUC 系统）（第2版）》专用题，使用西门子系统时可参考；题目后加（S）的为《数控车削编程与加工（SIEMENS 系统）（第2版）》专用题，使用发那科系统时可参考。

本书可作为职业院校相关专业教材的练习用书，也可作为相关培训机构及企业人员培训的练习用书。

图书在版编目（CIP）数据

数控车床编程与操作练习册/朱明松，朱德浩主编. —2 版 . —北京：机械工业出版社，2023. 12（2025.9 重印）

ISBN 978-7-111-74044-5

Ⅰ.①数… Ⅱ.①朱…②朱… Ⅲ.①数控机床-车床-程序设计-高等职业教育-习题集②数控机床-车床-操作-高等职业教育-习题集 Ⅳ.①TG519.1-44

中国国家版本馆 CIP 数据核字（2023）第 191385 号

机械工业出版社（北京市百万庄大街 22 号 邮政编码 100037）

策划编辑：王莉娜　　　　　　责任编辑：王莉娜

责任校对：肖 琳 王 延　　封面设计：马若濛

责任印制：常天培

河北虎彩印刷有限公司印刷

2025 年 9 月第 2 版第 3 次印刷

210mm×285mm・10. 25 印张・219 千字

标准书号：ISBN 978-7-111-74044-5

定价：32.00 元

电话服务　　　　　　　　　网络服务

客服电话：010-88361066　　机 工 官 网：www.cmpbook.com

　　　　　010-88379833　　机 工 官 博：weibo. com/cmp1952

　　　　　010-68326294　　金 书 网：www.golden-book.com

封底无防伪标均为盗版　　机工教育服务网：www.cmpedu.com

前　言

　　知识的学习需要通过一定的练习来增强记忆、加深理解和学会应用；技能的学习通过一定的训练才能逐步由生疏到熟练。因此，必要的练习和训练是学习数控车床编程与操作的重要环节。基于此，修订了《数控车床编程与操作练习册》。

　　本书与朱明松主编的"十三五""十四五"职业教育国家规划教材《数控车床编程与操作项目教程（第4版）》和《数控车削编程与加工（FANUC系统）（第2版）》《数控车削编程与加工（SIEMENS系统）（第2版）》配套使用。其中，使用《数控车床编程与操作项目教程（第4版）》时，有"＊"的任务为选用内容，其余内容按任务名称对应选用即可；题目后加（F）的为《数控车削编程与加工（FANUC系统）（第2版）》专用题，使用西门子系统时可参考；题目后加（S）的为《数控车削编程与加工（SIEMENS系统）（第2版）》专用题，使用发那科系统时可参考。此外，对本修订版做以下说明。

　　1. 编排顺序与三本教材体系保持一致，并以每一个任务为单元设置一定题量的练习。

　　2. 本书的主要题型有填空、选择、判断、名词解释、简答、编程等，形式多样，能使学生在有限的时间内进行更多的练习。

　　3. 每一项目后增加项目测试训练，以检测学生对本项目知识、技能的掌握程度。

　　4. 增加两套综合测试试卷，供综合测试训练时参考。

　　5. 编程题的零件材料均选用45钢，可作为相应课程的拓展训练项目。

　　6. 为培养学生工整、规范、严谨填写程序单的习惯，数控编程训练题采用空表（格）形式。

　　7. 西门子802D系统轮廓切削循环指令CYCLE95、切槽循环指令CYCLE93、螺纹切削循环指令CYCLE97等，对应西门子828D系统的指令分别为CYCLE952、CYCLE930和CYCLE99，题目中以"或"的形式并列出现［部分题目简化表示，如用CYCLE93（0）表示指令CYCLE93或CYCLE930］，回答问题时需注意区分。

　　本书由南京六合中等专业学校朱明松、朱德浩任主编，南京六合中等专业学校徐伏健、陈雅雯、杨同亮、史中方、陈其梅、李平平和江苏太仓中等专业学校侯宏强参与了编写。本书由南京市职业教育教学研究室陶建东主审。

由于编者水平有限，书中不妥之处在所难免，敬请读者批评指正。

编　者

目　录

前言

项目一　数控车床基本操作 ··· 1

 任务一　认识数控车床 ··· 1

 任务二　数控车床开关机与回参考点 ································· 6

 任务三　数控程序的输入与编辑 ····································· 10

 任务四　数控车床对刀操作 ··· 15

 *任务五　数控车削仿真加工 ··· 20

项目一测试训练 ··· 22

项目二　轴类零件加工 ··· 27

 任务一　简单阶梯轴的加工 ··· 27

 任务二　外圆锥轴的加工 ··· 33

 任务三　多槽轴的加工 ··· 39

 任务四　多阶梯轴的加工 ··· 45

项目二测试训练 ··· 52

项目三　套类零件加工 ··· 57

 任务一　通孔轴套的加工 ··· 57

 任务二　阶梯孔轴套的加工 ··· 62

 任务三　锥孔轴套的加工 ··· 69

 *任务四　非标缸套的加工 ··· 75

项目三测试训练 ··· 81

项目四　成形面类零件加工 ··· 86

 任务一　凹圆弧滚压轴的加工 ······································· 86

 任务二　球头拉杆的加工 ··· 91

 任务三　球面管接头的加工 ··· 96

项目四测试训练 ··· 100

项目五　螺纹类零件加工 ··· 105

 任务一　圆柱螺塞的加工 ··· 105

 任务二　圆锥螺塞的加工 ··· 110

 任务三　圆螺母的加工 ··· 116

项目五测试训练 ··· 120

项目六　零件综合加工和 CAD/CAM 加工 ··· 125

　　任务一　法兰盘的加工 ·· 125

　　任务二　螺纹管接头的加工 ·· 129

　　*任务三　曲面螺纹锥度套件的加工 ··· 133

　　任务四　圆头电动机轴的 CAD/CAM 加工 ··· 139

项目六测试训练 ··· 143

附录 ·· 148

　　附录 A　综合测试试卷 I ··· 148

　　附录 B　综合测试试卷 II ·· 153

项目一　数控车床基本操作

任务一　认识数控车床

一、填空题

1. CNC 车床又称_____车床，是计算机_____机床的一种。

2. 机床型号 CK6140 中的"C"表示_____，"K"表示_____，"40"表示_____。

3. 按主轴位置分，数控车床有_____数控车床和_____数控车床两大类。

4. 立式数控车床主要用于加工径向尺寸____、轴向尺寸相对____的大型零件。

5. 卧式数控车床导轨布置形式有_____导轨和_____导轨两种。

6. 常见的国产数控系统有_____、_____和_____等。

7. 按数控系统的功能分，数控车床有_____数控车床、_____数控车床、_____和 FMC 车削单元。

8. 车削加工中心是在全功能数控车床基础上增加了刀库、_____、_____和_____。

9. FMC 车削单元是由一台_____和_____组成的柔性加工单元。

10. 按控制方式分，数控车床有_____控制的、_____控制的和_____控制的数控车床。

11. 数控车床由_____、_____、_____和辅助部分组成。

12. 数控车床驱动部分一般由_____和_____等组成。

13. 数控车床主要用于加工_____、_____和盘类等回转体零件。

14. 数控系统面板中，INSERT 键是_____键，DELETE 键是_____键。

15. 数控系统面板中，OFFSET 键是_____键，INPUT 键是_____键。

16. 数控机床面板中，RESET 键是_____键，REF 键是_____键。

17. 机床操作面板中，AUTO 键指_____工作方式，JOG 键指_____工作方式。

18. 在车间实习时不慎受伤，应及时处理并向_____汇报。

二、判断题

1. 卧式数控车床常用于加工大型复杂回转类零件。　　　　　　　　　　（　　）

2. 立式数控车床的主轴处于水平位置。 （　　）

3. 采用倾斜导轨的数控车床排屑方便，但刚性差。 （　　）

4. 经济型数控车床常采用水平导轨。 （　　）

5. 全功能数控车床常采用水平导轨。 （　　）

6. 车削加工中心常采用倾斜导轨。 （　　）

7. 全功能数控车床大多采用开环控制系统。 （　　）

8. 车削加工中心一次装夹零件后可完成车、铣、钻、铰等多工序加工。 （　　）

9. FMC 车削单元是由经济型数控车床和自动换刀装置构成的。 （　　）

10. 开环控制的经济型数控车床精度较高。 （　　）

11. 数控车床辅助部分主要是指机床冷却系统、照明系统和自动排屑系统等。 （　　）

12. 数控车床的控制核心是驱动部分和辅助部分。 （　　）

13. 数控车床传动系统比普通车床大大缩短，这有利于减小传动误差。 （　　）

14. 数控车床是用一台电动机同时驱动主轴转动、进给移动及刀架转动的。 （　　）

15. 数控车床进给丝杠都采用滚珠丝杠。 （　　）

16. 数控车床不能用于由非圆曲线构成的回转面加工。 （　　）

17. 数控车床可以加工非标准螺纹。 （　　）

18. 数控车床加工零件精度低，质量不稳定。 （　　）

19. 数控车床尤其适用于新产品试制。 （　　）

20. 在数控车床上加工零件，生产率的高低完全取决于零件的形状。 （　　）

21. 使用数控车床后，工人的劳动强度增加了。 （　　）

22. 使用数控车床可以获得良好的经济效益。 （　　）

23. 进入数控车间必须穿工作服，女生戴工作帽。 （　　）

24. 下课期间可以在车间里玩耍。 （　　）

25. 在车间里不能私自起动不熟悉的机床设备。 （　　）

26. 实习、工作中要有团队合作精神。 （　　）

三、选择题

1. CK6140 中的 "K" 表示_____。

    A. 控制　　　　　B. 经济　　　　　C. 卧式车床类　　　　　D. 立式车床类

2. CK6140 中的 "40" 表示床身上最大工件回转直径为_____。

    A. 4mm　　　　　B. 40mm　　　　　C. 400mm　　　　　D. 4000mm

3. 主轴处于水平位置的是_____。

    A. 立式数控车床　　　　　　　　B. 卧式数控车床

    C. 立式加工中心　　　　　　　　D. 立式数控铣床

4. 常用于加工径向尺寸较大、轴向尺寸相对较小的回转工件的数控车床是_____。

    A. 立式数控车床   B. 经济型数控车床

    C. 全功能数控车床   D. 数控铣床

5. 由车削加工中心和工业机器人组成的柔性加工单元是_____。

    A. 经济型数控车床   B. 全功能数控车床

    C. 车削加工中心   D. FMC 车削单元

6. 加工精度高的数控车床控制方式是_____。

    A. 开环控制   B. 半闭环控制   C. 闭环控制   D. 半开环控制

7. 倾斜床身数控车床_____。

    A. 刚性较差   B. 结构简单   C. 刚性好   D. 不易排屑

8. 数控车床的控制核心是_____。

    A. 主轴箱   B. 数控系统   C. 伺服系统   D. 辅助装置

9. 伺服装置及伺服电动机属于数控车床的_____。

    A. 车床主体部分   B. 控制部分

    C. 驱动部分   D. 辅助装置

10. 编码器处于数控车床_____。

    A. 主运动传动系统中   B. Z 轴进给传动系统中

    C. X 轴进给传动系统中   D. 刀架传动系统中

11. 数控车床_____。

    A. 加工精度低   B. 不便于自动化管理

    C. 工人劳动强度高   D. 能加工复杂型面

12. 数控车床_____。

    A. 适应性差   B. 生产率低

    C. 自动化程度低   D. 经济效益高

13. 数控面板中，JOG 的工作方式是_____。

    A. 手摇轮   B. 手动   C. 回参考点   D. 自动

14. 机床回参考点方式的按钮是_____。

    A. AUTO   B. REF   C. JOG   D. MDI

15. 机床数控面板中，SINGLE 工作方式是_____。

    A. 手摇轮   B. 手动   C. 单程序段   D. 自动

16. 机床数控面板中，AUTO 工作方式是_____。

    A. 手动操作   B. 回参考点   C. 编辑   D. 自动

17. 发那科系统打开数控程序的按钮是_____。（F）

    A. PROG   B. POS   C. OFFSET   D. SYSTEM

18. 西门子数控系统打开数控程序的按钮是_____。（S）

    A．PROGRAM MANAGER   B．POSITION

    C．OFFSET   D．SYSTEM

19. 为防止切屑飞溅损伤眼睛，必须_____。

    A．穿工作服   B．戴工作帽   C．穿劳保鞋   D．戴防护眼镜

20. 在车间里，以下做法正确的是_____。

    A．坚守岗位   B．串岗   C．离岗   D．打闹、嬉戏

四、名词解释

1. CNC 车床

2. 卧式数控车床

3. 全功能数控车床

4. 车削加工中心

五、简答题

1. 简述数控车床代号 CK6140 的含义。

2. 按主轴位置、数控系统、数控系统功能、刀架数和控制方式分，数控车床分别有哪几种？

3. 简述斜床身数控车床的特点。

4. 简述经济型数控车床的特点。

5. 数控车床由哪几个部分组成？

6. 简述数控车床主轴运动传动路线。

7. 数控车床的加工特点有哪些？主要加工哪些表面和工件？

8. 简述数控车间实习安全文明生产要求。

任务二　数控车床开关机与回参考点

一、填空题

1. 为确定机床运动基准，在数控机床上建立的坐标系称为_____坐标系，也称_____坐标系。

2. 数控机床坐标系一般规定_____相对于静止_____而运动的原则。

3. 按国家标准 GB/T 19660—2005，数控机床坐标系采用右手_____坐标系。

4. 数控车床采用右手直角坐标系时，中指指向_____方向。

5. 数控机床中旋转坐标轴 A、B、C 的正方向根据_____法则确定。

6. 数控机床某一部件运动的正方向是增大_____之间距离的方向。

7. 确定机床坐标系时，规定平行于_____（传递切削运动）的刀具运动坐标轴为 Z 轴。

8. 卧式数控车床的机床坐标系有两个坐标轴，分别是____轴和____轴。

9. 水平导轨数控车床水平向右的坐标轴是_____轴。

10. 通常数控车床机床原点位于主轴轴线与_____的交点处。

11. 机床原点又称_____，是数控车床切削运动的基准点。

12. 数控车床参考点通常设置在机床坐标系____和____极限位置处。

13. 数控车床导轨需_____清扫（选填"每天""每周"或"每月"）。

14. 数控车床发生故障时，应立即按下_____按钮并向指导教师汇报。

15. 数控车床操作结束后应将工作台停在各坐标轴_____位置。

16. 用数控车床加工时需_____机床防护门，加工过程中都不允许打开防护门。

17. 数控车床开机后应首先执行_____操作。

18. 每天实训结束后，需_____机床电源。

二、判断题

1. 数控车床坐标系采用右手直角坐标系。　　　　　　　　　　　　　　　　（　　）

2. 数控车床一般先确定 X 轴，然后确定 Y 轴，再根据右手定则确定 Z 轴。（　　）

3. 普通经济型数控车床有 X、Y、Z 三个坐标轴。　　　　　　　　（　　）

4. 普通经济型数控车床常采用前置刀架。　　　　　　　　　　　（　　）

5. 数控车床规定 Z 轴正方向为刀具接近工件的方向。　　　　　（　　）

6. 数控机床回参考点的目的就是为了建立机床坐标系。　　　　（　　）

7. 机床参考点就是机床原点。　　　　　　　　　　　　　　　　（　　）

8. 机床原点和机床参考点都是由机床制造厂设定的。　　　　　（　　）

9. 数控机床加工时，为观察加工情况，可以打开防护门。　　　（　　）

10. 可以几个人同时操作同一台数控车床。　　　　　　　　　　（　　）

11. 夏天温度过高时，可以将机床数控电气柜打开进行通风散热。（　　）

12. 操作数控车床时严禁用手接触刀尖、铁屑和旋转的工件。　（　　）

13. 刃磨刀具、更换刀具之后，一定要重新进行对刀操作。　　（　　）

14. 数控车床通电后，需要检查各开关按钮和按键是否正常。　（　　）

15. 数控车床若出现问题，不严重时，可以带故障运行。　　　（　　）

16. 每天加工结束后，应对机床进行清洁、保养，以延长机床寿命。（　　）

17. 手动回机床参考点是在 MDI 模式下进行的。　　　　　　　（　　）

18. 当数控车床失去对机床参考点的记忆时，必须进行返回参考点操作。（　　）

19. 机床解除紧急停止状态后一般不需要重新进行回参考点操作。（　　）

20. 数控车床开机和关机的次序是一样的。　　　　　　　　　　（　　）

21. 加工中为提高生产率，可以将工、量具随手放置。　　　　（　　）

22. 实习结束后要及时清理工位，保养设备，并做好车间内的卫生工作。（　　）

三、选择题

1. 围绕 Z 轴旋转的坐标轴是＿＿＿＿＿＿。
   A. A 轴　　　　　B. B 轴　　　　　C. C 轴　　　　　D. D 轴

2. 普通经济型数控车床使用的两个坐标轴是＿＿＿＿＿＿。
   A. X 和 Y 轴　　　B. X 和 Z 轴　　　C. Y 和 Z 轴　　　D. A 和 B 轴

3. 数控机床坐标系的确定原则一般以＿＿＿＿＿＿运动为准。
   A. 工件相对于静止刀具　　　　　B. 刀具相对于机床
   C. 刀具相对于静止工件　　　　　D. 工作台相对于刀具

4. 机床坐标系正方向是指＿＿＿＿＿＿。
   A. 刀具接近工件方向　　　　　B. 刀具远离工件方向
   C. 刀具接近或远离工件方向　　　D. 人为确定的正方向

5. 确定机床坐标系，最先确定的坐标轴是＿＿＿＿＿＿。
   A. X 轴　　　　　B. Y 轴　　　　　C. Z 轴　　　　　D. C 轴

6. 数控车床机床原点一般设置在_____。

    A. 卡盘端面中心点
    B. 工件右端面中心点

    C. +X、+Z 坐标轴极限位置点
    D. −X、−Z 坐标轴极限位置点

7. 数控车床机床参考点一般设置在_____。

    A. 卡盘端面中心点
    B. 工件右端面中心点

    C. +X、+Z 坐标轴极限位置点
    D. −X、−Z 坐标轴极限位置点

8. 数控车床开机后，一般需空运转_____。

    A. 1~5min
    B. 5~15min
    C. 50~100min
    D. 100~500min

9. 数控车床工作台的清扫周期是_____。

    A. 每班次
    B. 一周
    C. 一月
    D. 一年

10. 数控车床整机的清扫周期是_____。

    A. 每班次
    B. 一周
    C. 一月
    D. 一年

11. 采用增量编码器的数控机床不需要重新回参考点的情况是_____。

    A. 重新接通电源开关
    B. 超程报警之后

    C. 按下紧急停止按钮之后
    D. 换刀之后

12. 数控车床每次接通电源后首先应做的是_____。

    A. 检查工件是否已安装
    B. 检查机床润滑油是否足够

    C. 检查机床是否已回参考点
    D. 检查刀具是否已夹紧

13. 停机下班时，车床溜板箱应处于的位置是_____。

    A. 床身
    B. 中间
    C. 床尾
    D. 任意

14. 每次加工结束后应_____。

    A. 夹紧工件
    B. 夹紧刀具

    C. 调进给倍率
    D. 切断电源，打扫机床

15. 需每天检查的部位是_____。

    A. 润滑油油箱
    B. 主轴驱动带

    C. 导轨上镶条
    D. 滚珠丝杠

16. 下列做法正确的是_____。

    A. 输入程序后不需要核对
    B. 量具可以和工具、刀具混放

    C. 操作机床时应按要求着装
    D. 可以到其他岗位去帮助同学

17. 数控车床开机后不动作，可能的原因之一是_____。

    A. 润滑中断
    B. 冷却中断

    C. 刀具未对刀
    D. 未解除紧急停止状态

四、名词解释

1. 前置刀架

2. 机床坐标系

3. 机床原点

4. 机床参考点

五、简答题

1. 数控车床机床坐标系的确定原则有哪些？

2. 卧式数控车床坐标轴有哪几个？分别位于什么位置？

3. 数控车床机床原点一般位于什么位置？

4. 数控车床开机后为什么要进行回参考点操作？

5. 简述数控车床的开机、关机动作次序。

6. 简述发那科系统数控车床手动回机床参考点的操作步骤。（F）

7. 简述西门子系统数控车床手动回机床参考点的操作步骤。（S）

8. 采用增量编码器的数控车床在什么情况下需要重新回机床参考点？

任务三　数控程序的输入与编辑

一、填空题

1. 数控机床加工中，_____起决定和控制作用。

2. 数控程序由_____、_____和_____三部分组成。

3. 发那科系统程序名是以字母_____开头，后跟_____位数字。（F）

4. 西门子系统程序名开头是两位_____，后跟几位_____组成。（S）

5. 发那科系统子程序与主程序的命名规则_____。（F）

6. 西门子系统，主程序名后缀为_____，子程序名后缀为_____。（S）

7. 发那科系统，程序段与程序段间用_____作为分隔符。（F）

8. 西门子系统，程序段与程序段间用_____作为分隔符。（S）

9. 数控程序是由程序段组成的，程序段是由_____组成的。

10. 程序字一般是由_____和_____构成的。

11. 数控程序常用_____或_____指令表示程序结束。

12. 刀具功能字代码是_____，主轴转速功能字代码是_____。

13. 进给功能字代码是_____，辅助功能字代码是_____。

14. 切削液开的指令是_____，切削液关的指令是_____。

15. 主轴正转指令是_____，主轴反转指令是_____。

16. M00 指令表示_____，M02 指令表示_____。

17. X10.0 指令表示_____，T03 指令表示_____。

18. S500 表示主轴转速为_____。

19. 进给功能字表示刀具进给速度的大小，其单位有_____和_____两种。

20. 辅助功能字表示机床_____的接通或断开。

二、判断题

1. 为了便于国际交流，数控指令代码已得到统一。 （　　）

2. 数控系统相同，其程序代码和编程规则是相同的。 （　　）

3. 不同数控系统，数控程序名的命名规则是不同的。 （　　）

4. 输入程序时应先输入程序名。 （　　）

5. 不同程序也可以取相同程序名，然后输入机床数控系统中。 （　　）

6. 发那科系统中主程序和子程序的命名规则是不一样的。（F） （　　）

7. 发那科系统中可用 M02 指令表示程序结束。（F） （　　）

8. 西门子系统中主程序和子程序的命名后缀是不一样的。（S） （　　）

9. 西门子系统中可用 M00 指令表示程序结束。（S） （　　）

10. 前一程序段规定的动作完成后才能执行下一程序段内容。 （　　）

11. 程序段是由程序字组成的，可以作为一个信息单元存储、传递和操作。 （　　）

12. 每个程序不一定都需要程序结束指令。 （　　）

13. 某一程序中，程序段号为 N40 的指令肯定比程序段号为 N10 的指令后执行。

（　　）

14. 主轴转速功能字表示数控车床主轴转速的大小。 （　　）

15. 进给功能字表示所选择的刀具号。   （   ）

16. 进给功能字表示刀具进给速度的大小。   （   ）

17. 辅助功能字表示机床已做好某种准备动作。   （   ）

18. 数控车床准备功能指令是由 PLC 控制的。   （   ）

19. M00 和 M30 指令都表示程序结束。   （   ）

20. M09 指令表示切削液关。   （   ）

21. M05 指令表示主轴停止。   （   ）

22. 准备功能字是机床控制指令中最多的一种程序字。   （   ）

23. 程序段中，程序字的位置是固定不变的，一旦位置变化，运行时就会报警。（   ）

24. 数控程序中还会用到括号、加减号、小于号等其他一些字符，以实现判断、跳转等功能。   （   ）

25. MDI（A）模式主要用于简单程序测试。   （   ）

三、选择题

1. 程序名的作用是_____。
   A. 标记程序开始   B. 存储、调用
   C. 标注   D. 执行某种动作

2. 程序段的功能是_____。
   A. 确定执行动作的次序   B. 存储、调用
   C. 标记   D. 执行某种动作

3. 一个完整程序必须由三部分组成，其中核心部分是_____。
   A. 程序开始   B. 程序名
   C. 程序内容   D. 程序结束

4. 程序段前有"/"表示_____。
   A. 单段   B. 可以被跳过不执行
   C. 暂停   D. 无意义

5. X200.0 表示输入的值为_____。
   A. 200mm   B. 0.2mm
   C. 200μm   D. 0.2μm

6. 数控机床中，作为一个信息单元进行存储、传递、操作的是_____。
   A. 程序   B. 程序段
   C. 程序字   D. 地址

7. Z20.0 表示的含义是_____。
   A. X 方向坐标为 20mm   B. Z 方向坐标为 200mm

C. Z 方向坐标为 20mm   D. Z 方向坐标为−20mm

8. 表示主轴转速大小的代码是_____。

    A. M　　　　　B. S　　　　　C. T　　　　　D. G

9. 表示刀具功能字的是_____。

    A. M　　　　　B. S　　　　　C. F　　　　　D. T

10. 表示进给速度大小的代码是_____。

    A. M　　　　　B. S　　　　　C. N　　　　　D. F

11. 表示尺寸功能字的代码是_____。

    A. X　　　　　B. G　　　　　C. T　　　　　D. F

12. 表示程序段号代码的是_____。

    A. M　　　　　B. S　　　　　C. N　　　　　D. T

13. M 代码中表示主轴正转的功能字是_____。

    A. M02　　　　B. M03　　　　C. M04　　　　D. M05

14. 数控程序中还会用到一些其他字符，如"＝"表示的含义是_____。

    A. 赋值，等于　B. 标记符　　　C. 注释符号　　D. 跳过不执行

15. 发那科系统中，编辑程序需选择的工作方式是_____。（F）

    A. AUTO　　　　B. EDIT　　　　C. JOB　　　　D. MDI

16. 辅助功能中表示程序计划停止的指令是_____。

    A. M00　　　　B. M01　　　　C. M02　　　　D. M03

17. INSERT 键表示_____。

    A. 插入　　　　B. 删除　　　　C. 替换　　　　D. 查找

18. 西门子系统编辑程序时，从以下_____键进入要编辑的程序。（S）

    A. SELECT　　B. PROGRAM MANAGER　　C. OFFSET PARAM　　D. M POSITION

19. 辅助功能指令中表示程序结束的指令是_____。

    A. M00　　　　B. M01　　　　C. M02　　　　D. M03

20. 数控机床采用的是可变程序段，即程序段中程序字的位置_____。

    A. 固定　　　　　　　　　　B. 不固定

    C. 有些程序字固定　　　　　D. 取决于数控系统

四、名词解释

1. 数控程序

2. 程序字

3. 准备功能字

4. 辅助功能字

五、简答题

1. FANUC 0i-M 系统程序名有何要求？主程序名与子程序名有何区别？（F）

2. 西门子系统对程序名有何要求？其主程序名与子程序名有何区别？（S）

3. 数控程序由哪几部分组成？组成数控程序的最小功能单元是什么？

4. 常见程序功能字有哪几种？

5. 指出 M00、M01、M02、M03、M05、M06、M09、M30 指令的含义。

6. 程序段号功能字有什么作用?

7. 简述发那科系统 MDI 方式输入程序的步骤。（F）

8. 简述西门子系统 MDI 方式输入程序的步骤。（S）

任务四　数控车床对刀操作

一、填空题

1. 工件坐标系又称_____坐标系，是为方便_____而建立的坐标系。

2. 工件坐标系通常建立在_____上或_____上。

3. 建立工件坐标系时，坐标轴的方向必须与所用数控车床机床坐标系的坐标轴方向_____。

4. 数控车床工件坐标系 X 轴原点应选择在工件_____。

5. 数控车床工件坐标系 Z 轴原点应选择在工件_____、_____或工件的_____。

6. 数控车床中，G53 指令的含义是_____。

7. 数控车床使用 G53 指令后将_____一切刀尖圆弧半径补偿和长度补偿。

8. 数控车床指定 G53 指令后，刀具将在_____坐标系中运行。

9. 数控车床使用工件坐标系的指令有_____等。

10. 外圆车刀常取_____作为刀位点，圆头车刀常取_____作为刀位点。

11. 螺纹车刀常取_____作为刀位点，车槽刀常取_____作为刀位点。

12. 数控车床中，T02 表示选择_____。

13. 发那科系统中，T0202 后两位数字表示_____。（F）

14. 西门子系统中，T02 D1 中的"D1"表示_____。（S）

15. 数控车床一般以_____点作为车刀换刀位置点。

16. 编程过程中用到的刀具号必须与该刀具装夹在刀架上的位置号_____。

17. 当数控车床出现故障、操作失误或程序错误时，数控系统就会_____。

18. 发那科系统试切法对刀时，基本工件坐标系 00（EXT）中的数值应设置为_____。（F）

19. 西门子系统试切法对刀时，基本偏置（Basic）中的数值应设置为_____。（S）

20. 对刀结束后，一般都_____进行刀具校验，以验证对刀是否正确（选填"需要"或"不需要"）。

二、判断题

1. 数控车床开机回参考点后就建立了工件坐标系。　　　　　　　　　（　　）

2. 在机床坐标系中也可以很方便地编写数控加工程序。　　　　　　　（　　）

3. 工件坐标系通常建立在零件图样上。　　　　　　　　　　　　　　（　　）

4. 数控车床工件坐标系可以与机床坐标系方向不一致。　　　　　　　（　　）

5. 数控车床中一般取机床坐标系原点作为工件坐标系原点。　　　　　（　　）

6. 数控车削零件编程时，工件坐标系原点最常选择在工件右端面中心点上。（　　）

7. 指定 G53 指令前，机床应先建立机床坐标系，否则运行程序时将会发生事故。

　　　　　　　　　　　　　　　　　　　　　　　　　　　　　　（　　）

8. 数控车床对刀操作前不一定要回机床参考点。　　　　　　　　　　（　　）

9. 选择工件坐标系指令只有 G54、G55 两个。　　　　　　　　　　　（　　）

10. G54 等选择工件坐标系指令是模态有效代码，一经使用，一直有效。（　　）

11. G54、G55、G56 等指令功能完全一样，任意使用其中之一都不影响工件加工。

　　　　　　　　　　　　　　　　　　　　　　　　　　　　　　（　　）

12. 数控车床车刀的装夹要求与普通车床车刀的装夹要求一样。　　　　（　　）

13. 刀位点就是数控编程中代表刀具位置的点。　　　　　　　　　　　（　　）

14. 可以选择工件坐标系原点作为刀具的换刀点。　　　　　　　　　　（　　）

15. 刀具换刀点理论上可以任意选择，但必须保证换刀过程中刀具不碰到工件、机床等。

（　　）

16. 编程与加工过程中所用的同一把刀具可以不是一个刀位号。　　　　　（　　）

17. 发那科系统数控车床刀具号后面必须跟上刀具补偿号，否则会发生报警。（F）

（　　）

18. 西门子系统数控车床刀具号必须跟上刀具补偿（刀沿）号，否则会发生报警。（S）

（　　）

19. 发那科系统数控车床刀具号 T0103 是错误指令代码。（F）　　　　　（　　）

20. 西门子系统数控车床刀具号 T01 D3 是错误指令代码。（S）　　　　（　　）

21. 数控车床一般采用刀具长度补偿法进行对刀。　　　　　　　　　　（　　）

22. 采用试切法对刀，刀具接近工件表面，进给倍率应调小一些，以防因刀具移动速度过快而发生撞刀事故。　　　　　　　　　　　　　　　　　　　　（　　）

23. 数控车床试切法对刀，X、Z 轴应分别进行对刀。　　　　　　　　　（　　）

24. 试切法对刀结束后，验证对刀是否正确时，可以同时验证 X、Z 轴。　（　　）

25. 数控车床显示报警信息时，将不受影响，程序能继续运行至程序结束。（　　）

三、选择题

1. 工件坐标系又称_____。
   A. 编程坐标系　　　　　　　　　B. 机械坐标系
   C. 机床坐标系　　　　　　　　　D. 刀具坐标系

2. 工件坐标系原点通常设置在_____。
   A. 机床原点　　　　　　　　　　B. 机械原点
   C. 机床参考点　　　　　　　　　D. 工件右端面中心点

3. 数控车床对刀的目的是_____。
   A. 建立机床坐标系　　　　　　　B. 回机床参考点
   C. 使刀具在工件坐标系中运行　　D. 使工件在机床坐标系中运行

4. 在卧式数控车床上加工工件，工件坐标系+Z 方向_____。
   A. 指向尾座　　　　　　　　　　B. 指向主轴箱
   C. 指向操作者　　　　　　　　　D. 背离操作者

5. 使用 G53 指令后，刀具移动的位置坐标是指_____坐标系中的坐标。
   A. 编程　　　　B. 机械　　　　C. 工件　　　　D. 刀具

6. 使用 G54、G55 指令后，刀具移动的位置坐标是指_____坐标系中的坐标。
   A. 编程　　　　　B. 机械　　　　C. 机床　　　　D. 刀具

7. 为使用工件坐标系指令的是_____。

A. G50　　　　B. G53　　　　C. G54　　　　D. G500

8. 在数控车床上，通常选择刀具的＿＿＿＿作为刀位点。

A. 刀杆　　　　B. 刀座　　　　C. 主切削刃　　D. 刀尖

9. 数控车床刀具换刀点可设置在＿＿＿＿。

A. 刀位点上　　B. 参考点上　　C. 工件原点上　　D. 机床原点上

10. 发那科系统数控车床程序中 T0303 调用的刀具补偿号是＿＿＿＿。（F）

A. 00　　　　B. 01　　　　C. 02　　　　D. 03

11. 西门子系统数控车床程序中 T03 调用的刀沿号是＿＿＿＿。（S）

A. D0　　　　B. D1　　　　C. D2　　　　D. D3

12. 使用刀具长度补偿对刀，输入刀具长度补偿值的入口按键是＿＿＿＿。

A. PROG　　　B. POS　　　C. OFFSET　　D. SYSTEM

13. 刀具 Z 轴对刀时，刀具试车削端面后应沿＿＿＿＿方向退出刀具。

A. -X　　　　B. +X　　　　C. -Z　　　　D. +Z

14. 刀具 X 轴对刀时，刀具试车削外圆后应沿＿＿＿＿方向退出刀具。

A. -X　　　　B. +X　　　　C. -Z　　　　D. +Z

15. 试切法对刀时，手动车削外圆或端面，进给倍率一般选＿＿＿＿。

A. 2%～4%　　B. 10%～20%　　C. 40%～50%　　D. 100%

16. 刀具对刀后进行 Z 轴验证时，刀具应沿＿＿＿＿方向离开工件。

A. -X　　　　B. +X　　　　C. -Z　　　　D. +Z

17. 刀具对刀后进行 X 轴验证时，刀具应沿＿＿＿＿方向离开工件。

A. -X　　　　B. +X　　　　C. -Z　　　　D. +Z

18. 若要消除机床报警，需按＿＿＿＿键。

A. RESET　　　B. HELP　　　C. INPUT　　　D. PROG

19. 数控车床发生 X 轴超程报警的消除方法是＿＿＿＿。

A. 按复位键　　　　　　　　　B. 手动方式下，反方向移动 X 轴

C. 按急停按钮　　　　　　　　D. 手动方式下，反方向移动 Z 轴

20. ＿＿＿＿时，数控机床通常并不报警。

A. 润滑液不足　　　　　　　　B. 指令错误

C. 机床振动　　　　　　　　　D. 超程

四、名词解释

1. 工件坐标系

2．刀位点

3．换刀点

五、简答题

1．数控车床工件坐标系的建立原则有哪些？坐标原点设置在何处？

2．数控车刀安装的一般要求有哪些？

3．发那科系统刀具号和刀具补偿号如何表示？（F）

4．西门子系统刀具号和刀具补偿号如何表示？（S）

5．如何设置数控车床刀具的换刀点？

6. 简述发那科系统外圆车刀长度补偿对刀的操作步骤。（F）

7. 简述西门子系统外圆车刀长度补偿对刀的操作步骤。（S）

*任务五　数控车削仿真加工

一、填空题

1. 仿真加工是在＿＿＿＿＿上进行的模拟加工。
2. 常见国产数控仿真软件有＿＿＿＿＿、＿＿＿＿＿和＿＿＿＿＿等。
3. 数控仿真软件可以＿＿＿＿＿车削场景，提高学生学习兴趣。
4. 仿真软件＿＿＿＿＿进行数控程序检验（选填"能"或"不能"）。

二、判断题

1. 使用数控仿真软件可以弥补机床设备的不足。　　　　　　　　　　　（　　　）
2. 数控仿真软件不能进行数控程序检验，只能用于模拟仿真切削。　　　（　　　）
3. 仿真软件面板与数控机床面板完全不一样。　　　　　　　　　　　　（　　　）
4. 斯沃仿真软件可以通过工具栏图标使加工区放大、缩小、移动、旋转等。（　　　）
5. 使用仿真软件进行仿真加工时，也需要先对刀，后加工。　　　　　　（　　　）
6. 斯沃仿真软件具有习题及考试功能。　　　　　　　　　　　　　　　（　　　）

三、选择题

1. 斯沃仿真软件界面中，观察工件仿真加工情况的区域是＿＿＿＿＿。
   A. 数控面板区　　　　　　B. 机床操作面板区
   C. 加工显示区　　　　　　D. 工具栏
2. 斯沃仿真软件界面中，设置毛坯尺寸的按键是＿＿＿＿＿。

A. 刀具库管理　　　　B. 参数设置

C. 工件设置　　　　　D. 输入信息栏

四、简答题

数控仿真软件有何作用？

项目一测试训练

一、**填空题**（每空 1 分，共 30 分）

1. 按_____分，数控车床有立式数控车床和_____数控车床两大类。

2. 按数控系统的功能分，数控车床有经济型数控车床、_____数控车床、_____和_____单元。

3. 按____方式分，数控车床有_____控制的、_____控制的和闭环控制的数控车床三种。

4. 在车间不慎受伤，应及时处理并向_____汇报。

5. 数控机床坐标系一般规定_____相对于静止_____而运动的原则。

6. 数控车床采用右手直角坐标系时，拇指指向_____方向。

7. 确定机床坐标系时，规定平行于机床主轴（传递切削运动）的刀具运动坐标轴为____轴。

8. 普通经济型卧式数控车床的机床坐标系有____个坐标轴，分别是_____轴。

9. 机床原点又称_____，是数控车床切削运动的基准点。

10. 数控车床加工时，需关闭机床防护门，加工过程中也不允许_____防护门。

11. 每天实训结束后，需_____机床电源。

12. 数控车床程序是由_____、_____和_____三部分内容组成的。

13. 数控机床程序是由_____组成的，_____是由程序字组成的。

14. 数控程序常用 M02 或 M30 指令表示_____。

15. 刀具功能字代码是_____，主轴转速功能字代码是_____。

16. 工件坐标系通常建立在_____上或_____上。

17. 数控车床使用 G53 指令后，将取消一切刀尖圆弧半径补偿和_____补偿。

18. 编程过程中用到的刀具号必须与该刀具装夹在刀架上的位置号_____。

二、**判断题**（每题 1 分，共 18 分）

1. 卧式数控车床常用于加工大型复杂回转类工件。　　　　　　　　　（　　）

2. 经济型数控车床常采用垂直导轨。　　　　　　　　　　　　　　　（　　）

3. 数控车床辅助部分主要是指机床数控系统、照明系统、自动排屑系统等。（　　）

4. 数控车床可以加工非标准螺纹。　　　　　　　　　　　　　　　　（　　）

5. 进入数控车间必须穿工作服，女生戴工作帽。　　　　　　　　　（　　）

6. 在车间里可以私自起动其他机床设备。　　　　　　　　　　　　（　　）

7. 普通经济型数控车床常采用前置刀架。　　　　　　　　　　　　（　　）

8. 机床参考点就是机床原点。　　　　　　　　　　　　　　　　　（　　）

9. 可以几个人同时操作一台数控车床。　　　　　　　　　　　　　（　　）

10. 刃磨刀具、更换刀具之后，一定要重新进行对刀操作。　　　　（　　）

11. 当数控车床失去对机床参考点的记忆时，必须进行回参考点操作。（　　）

12. 发那科系统、西门子系统及国产数控系统的机床指令代码都是相同的。（　　）

13. 不同程序也可以取相同的程序名，然后输入机床数控系统中。　（　　）

14. 数控程序不一定都需要编写程序结束指令。　　　　　　　　　（　　）

15. 准备功能字是表示机床已做好某种准备动作。　　　　　　　　（　　）

16. 在机床坐标系中也可以很方便地编写数控程序。　　　　　　　（　　）

17. G56 等选择工件坐标系指令是模态有效代码，一经使用，一直有效。（　　）

18. 刀具换刀点理论上可以任意选择，但必须保证换刀过程中刀具不碰到工件、机床等。

　　　　　　　　　　　　　　　　　　　　　　　　　　　　　（　　）

三、选择题（每题 1 分，共 20 分）

1. CK6140 中，"40" 表示床身上为 400mm 的参数是 _____。

　　A. 加工工件最大长度　　　　　　　　B. 加工工件最大重量

　　C. 加工工件最大回转直径　　　　　　D. 加工工件最大宽度

2. 常用于加工径向尺寸较大、轴向尺寸相对较小工件的机床是 _____。

　　A. 立式数控车床　　　　　　　　　　B. 经济型数控车床

　　C. 全功能数控车床　　　　　　　　　D. 卧式数控车床

3. 伺服装置及伺服电动机属于数控车床的 _____。

　　A. 主体部分　　　B. 控制部分　　　C. 驱动部分　　　D. 辅助装置

4. 数控车床 _____。

　　A. 加工精度低　　　　　　　　　　　B. 不便于自动化管理

　　C. 工人劳动强度高　　　　　　　　　D. 能加工复杂型面

5. 机床数控面板中，HNDL 的工作方式是 _____。

　　A. 手摇轮　　　B. 手动　　　C. 回参考点　　　D. 自动

6. 在车间里应 _____。

　　A. 串岗　　　B. 坚守岗位　　　C. 离岗　　　D. 打闹、嬉戏

7. 围绕 Z 轴旋转的坐标轴是 _____。

A. A 轴　　　　　　B. B 轴　　　　　　C. C 轴　　　　　　D. D 轴

8. 机床坐标系正方向是指_____。

    A. 刀具接近工件方向　　　　　　B. 刀具远离工件方向

    C. 刀具接近或远离工件方向　　　　D. 需要确定的正方向

9. 数控车床机床原点一般设置在_____。

    A. 卡盘端面中心点　　　　　　　B. 工件右端面中心点

    C. +X、+Z 坐标轴极限位置点　　　D. -X、-Z 坐标轴极限位置点

10. 数控车床整机清扫周期是_____。

    A. 每班次　　　　B. 一周　　　　C. 一月　　　　D. 一年

11. 手动回参考点时，应选择的工作模式是_____。

    A. AUTO　　　　B. RET　　　　C. JOG　　　　D. MDI

12. 当存储器备用电池失效时，将会出现_____。

    A. 刀架移动　　　　　　　　　B. 主轴转动

    C. 显示屏不显示　　　　　　　D. 丢失数控系统数据

13. 程序段号功能字的功能是_____。

    A. 确定程序执行的顺序　　　　B. 存储、调用程序

    C. 检索和校验程序　　　　　　D. 完成某种动作

14. 一个完整程序必须由几个部分组成，其中核心部分是_____。

    A. 程序开始　　　　　　　　　B. 程序名

    C. 程序结束　　　　　　　　　D. 程序内容

15. Z20.0 表示的含义是_____。

    A. X 方向坐标为 20mm　　　　B. Z 方向坐标为 200mm

    C. Z 方向坐标为 20mm　　　　D. Z 方向坐标为-20mm

16. 表示程序段段号的代码是_____。

    A. T　　　　B. S　　　　C. M　　　　D. N

17. 工件坐标系又称_____。

    A. 编程坐标系　　　　　　　　B. 机械坐标系

    C. 机床坐标系　　　　　　　　D. 刀具坐标系

18. 数控车床对刀的目的是_____。

    A. 建立机床坐标系　　　　　　B. 回机床参考点

    C. 使工件在机床坐标系中运行　　D. 使刀具在工件坐标系中运行

19. 以下是使用工件坐标系指令的是_____。

    A. G50　　　　B. G53　　　　C. G57　　　　D. G500

20. 当数控车床 Z 轴发生超程报警时，消除方法是_____。

A. 按复位键   B. 手动方式下，反方向移动 X 轴

C. 按急停按钮   D. 手动方式下，反方向移动 Z 轴

四、名词解释（每小题 3 分，共 12 分）

1. 卧式数控车床

2. 机床坐标系

3. 数控程序

4. 刀位点

五、简答题（每小题 5 分，共 20 分）

1. 简述数控车床代号 CK6140 的含义。

2. 数控车床机床坐标系的确定原则有哪些？

3. 数控车床工件坐标系的建立原则有哪些？坐标原点设置在何处？

4. 如何设置数控车床刀具的换刀点？

项目二　轴类零件加工

任务一　简单阶梯轴的加工

一、填空题

1. 焊接式外圆车刀价格较_____。

2. 数控车床常选用_____式车刀，以提高切削效率。

3. 轴类工件有台阶表面，为保证台阶面垂直于工件轴线，外圆车刀主偏角应_____。

4. 粗车轴类工件时，一般先粗车_____直径外圆，后粗车_____直径外圆。

5. 常用的测量外圆直径的量具有_____、_____；测量台阶深度的量具有_____、_____。

6. 普通游标卡尺的分度值一般为_____mm，千分尺的分度值为_____mm。

7. 切削用量包括_____、_____和_____三个要素。

8. 每分钟进给量与每转进给量之间的关系是_____。数控车床上常用的进给量是_____进给量。

9. 精加工时，进给量常选用较____值。

10. G00 指令的含义是_____，G01 指令的含义是_____。

11. G00 指令的目标点____设置在工件表面上，移动过程中也____碰到机床、夹具等。

12. 指令格式：G01 X _ Z _ F _；中，X、Z 是指_____坐标，F 是_____。

13. 发那科系统 G20 指令的含义是_____，G21 指令的含义是_____。（F）

14. 西门子系统 G70 指令的含义是_____，G71 指令的含义是_____。（S）

15. 发那科系统 G98 指令的含义是_____，G99 指令的含义是_____。（F）

16. 西门子系统 G94 指令的含义是_____，G95 指令的含义是_____。（S）

17. 发那科系统数控车床是通过更改系统内部_____设定半径或直径编程的。（F）

18. 西门子系统 DIAMON 指令的含义是_____，DIAMOF 指令的含义是_____

_____。（S）

19. 零件各几何要素之间的连接点称为_____。如零件轮廓上两条直线间的_____、直线与圆弧间的_____等，常作为直线插补、圆弧插补的目标点。

20. 编程时，为保证刀具运行中不发生撞刀，常将起刀点设置在_____位置。

二、判断题

1. 外圆粗车刀的前角应选择较大值，以保证刀具锋利。（　　）

2. 外圆精车刀的刃倾角应选择负值。（　　）

3. 用高速工具钢车刀车外圆时可选择较高的切削速度。（　　）

4. 可转位式外圆车刀磨损后不需要重磨。（　　）

5. 粗车台阶表面时，外圆车刀的主偏角可选择小于90°。（　　）

6. 外圆尺寸精度较高时，可选用游标卡尺测量。（　　）

7. 游标卡尺的测量精度比外径千分尺高。（　　）

8. 粗车背吃刀量选择较小值，精车背吃刀量选择较大值。（　　）

9. G代码有模态有效代码和非模态有效代码之分。（　　）

10. G00、G01指令都是模态有效指令。（　　）

11. G01指令刀具移动速度不能由地址F指定，但可通过机床操作面板进给倍率开关调整。（　　）

12. G00指令常用于退刀或空行程场合，G01指令用于轮廓直线加工。（　　）

13. 数控机床G指令功能已经标准化，所有数控系统的G功能指令都相同。（　　）

14. G01指令格式中只能指定一个F代码。（　　）

15. 一般应在程序的中间设定米/英制尺寸指令。（　　）

16. 数控车床常采用每分钟进给量，数控铣床常采用每转进给量。（　　）

17. 西门子系统DIAMON指令表示采用直径编程。（S）（　　）

18. 发那科系统G98指令表示采用直径编程。（F）（　　）

19. 数控车床上常采用半径编程。（　　）

20. 工件坐标系建立后应首先计算出工件轮廓上各基点的坐标。（　　）

21. 基点坐标是编写数控程序的重要数据。（　　）

22. 首次加工时应尽可能采用单段运行，便于程序的检查和校验。（　　）

三、选择题

1. 切削效率最高的外圆车刀是_____。

    A. 整体式车刀   B. 焊接式车刀

    C. 可转位车刀   D. 工具钢车刀

2. 车削台阶表面时，外圆精车刀主偏角_____。

  A．小于 60°   B．大于或等于 60°

  C．小于 90°   D．大于或等于 90°

3. 以下切削速度较低的外圆车刀是_____。

  A．高速工具钢车刀   B．硬质合金车刀

  C．金属涂层车刀   D．陶瓷车刀

4. 外圆直径尺寸为 $\phi 40_{-0.039}^{0}$ mm，应选择的量具是_____。

  A．钢直尺   B．游标卡尺

  C．外径千分尺   D．内径百分表

5. 若工件转速为 1000r/min，刀具进给速度为 300mm/min，则每转进给量为_____。

  A．33.3mm   B．3mm

  C．0.3mm   D．0.03mm

6. 车 $\phi 60$ mm 外圆，主轴转速选取 1000r/min，则切削刃切削速度为_____。

  A．100m/s   B．157m/min

  C．60m/min   D．3.14m/s

7. 车 $\phi 50$ mm 外圆，通过查工具手册选择刀具切削速度为 125m/min，则主轴转速应选择_____。

  A．125r/min   B．500r/min

  C．800r/min   D．1250r/min

8. 用硬质合金车刀精车外圆，工件转速一般为_____。

  A．100~200r/min   B．300~400r/min

  C．500~600r/min   D．800~1200r/min

9. 精车外圆，进给量一般选择_____。

  A．0.1~0.2mm/r   B．0.3~0.5mm/r

  C．0.6~1mm/r   D．2~3mm/r

10. G00 X _ Z _ 指令格式中，X、Z 是指_____的坐标。

  A．刀具起点   B．换刀点

  C．参考点   D．刀具移动终点

11. 刀具从原点 O 执行以下两段程序：N10 G01 X0 Z30.0 F0.3；N20 X40.0；半径编程运行到 M 点，则 OM 的距离为_____。

  A．30mm   B．40mm   C．50mm   D．70mm

12. 刀具空行程及退刀过程中常用的指令是_____。

  A．G00   B．G01   C．M00   D．M01

13. 刀具直线加工常用的指令是_____。

A. G00   B. G01   C. M00   D. M01

14. 发那科系统中 G99 指令表示进给速度的单位是_____。（F）

     A. r/min   B. mm/min   C. mm/r   D. m/s

15. 西门子系统中 G94 指令表示进给速度的单位是_____。（S）

     A. r/min   B. mm/min   C. mm/r   D. m/s

16. 发那科系统中，米制单位设定指令是_____。（F）

     A. G20   B. G21   C. G22   D. G23

17. 西门子系统中，米制单位设定指令是_____。（S）

     A. G70   B. G71   C. G72   D. G73

18. 编程时，刀具起始点一般设置在_____。

     A. 机床原点   B. 工件原点

     C. 机床参考点   D. 机械原点

19. 数控车床以 800r/min 正转时，其指令是_____。

     A. M03 S800   B. M04 S800

     C. M05 S800   D. G01 S800

20. 按一次数控启动键，只执行一段程序便停止的工作方式是_____。

     A. 自动工作方式   B. 手动工作方式

     C. 单段运行工作方式   D. 回参考点工作方式

四、名词解释

1. 快速点定位

2. 直线插补

3. 直径编程

4. 基点

五、简答题

1. 按结构分，外圆车刀有哪几种？数控车床上常用哪种数控车刀？为什么？

2. 切削用量包括哪些内容？粗、精车外圆的切削用量如何选择？

3. G00 指令和 G01 指令有何区别？各使用在什么场合？

4. 基点在编程中有何作用？

六、编程训练题

编写图 2-1 所示台阶轴的数控加工程序，填写在表 2-1 中，并加工练习，材料为 45 钢，毛坯为 φ40mm 棒料。

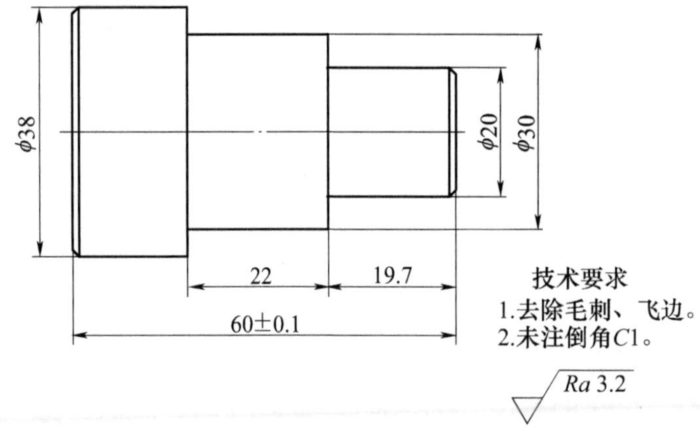

$\phi 38$
$\phi 20$
$\phi 30$
22
19.7
60±0.1
技术要求
1.去除毛刺、飞边。
2.未注倒角$C1$。
Ra 3.2

图 2-1　台阶轴

表 2-1　台阶轴数控加工程序

程序段号	程序内容	备注

任务二　外圆锥轴的加工

一、填空题

1. 圆锥大端直径为 80mm，长度为 60mm，锥度 $C = 1/5$，则圆锥小端直径为＿＿mm，圆锥角为＿＿＿。

2. 车外圆锥，一般＿＿发生主切削刃干涉现象。（选填"会"或"不会"）

3. 圆锥表面加工余量＿＿＿＿均匀，粗车时需沿＿＿＿＿＿分层车削。

4. 测量外圆锥锥角的量具有＿＿＿＿、＿＿＿＿、＿＿＿＿和＿＿＿＿等。

5. 绝对坐标是以＿＿＿＿＿原点为基准计量的，即刀具当前位置在＿＿＿＿坐标系中的坐标。

6. 增量坐标是指刀具当前位置相对于＿＿＿＿＿位置的增量。

7. 发那科系统 W 表示＿＿＿＿坐标轴上的增量。（F）

8. 西门子系统 G90 指令的含义是＿＿＿＿＿＿＿，G91 指令的含义是＿＿＿＿＿＿。（S）

9. 发那科系统指令格式 G90 X _ Z _ R _ F _；中，X、Z 是指＿＿＿＿＿坐标，R 是＿＿＿＿＿＿。（F）

10. 发那科系统指令格式 G90 X _ Z _ R _ F _；中，当 R 为 0 时是指车＿＿＿＿循环。（F）

11. 发那科系统 G28 指令的含义是＿＿＿＿＿＿。（F）

12. 发那科系统 G28 X0 Z0；表示刀具＿＿＿＿＿。（F）

13. 西门子系统在一个程序段中＿＿＿＿同时使用 G90、G91 进行编程（选填"可以"或"不可以"）。（S）

14. 西门子系统 G74 指令的含义是＿＿＿＿＿＿。（S）

15. 西门子系统回参考点指令的格式是＿＿＿＿＿＿＿。（S）

16. 西门子系统 G90、G91 指令都是＿＿＿＿有效指令。（S）

17. 数控车床空运行时，刀具移动速度较＿＿＿＿，为防止撞刀，可以不装夹工件或将 Z 方向刀具长度补偿增加＿＿＿＿＿＿mm，以检验程序。

18. 数控车床空运行时，若按下辅助功能锁住按钮，刀具将＿＿＿移动，只是数控程序运行一遍。

二、判断题

1. 内、外圆锥面配合精度较高。　　　　　　　　　　　　　　　　　（　　）

2. 圆锥表面共有 5 个基本参数，已知其中 4 个参数，就可计算另一个参数值。（   ）

3. 粗车圆锥表面进行分层加工的目的是防止车削时副切削刃发生干涉现象。（   ）

4. 在数控车床上加工圆锥表面，必须计算出锥角的数值，才能进行编程加工。（   ）

5. 车外倒圆锥时，刀具副偏角不够大，就会产生副切削刃干涉现象。（   ）

6. 配合精度要求较高的标准圆锥表面应选用锥度量规测量。（   ）

7. 游标万能角度尺常用于单件或小批量生产时零件圆锥角度的测量。（   ）

8. 西门子系统 G90 为模态有效指令，G91 为程序段有效指令。（S）（   ）

9. 发那科系统在一个程序段中可以采用绝对、增量尺寸混合编程。（F）（   ）

10. 西门子系统在一个程序段中可以采用绝对、增量尺寸混合编程。（S）（   ）

11. 发那科系统 G90 指令在单段方式下，按一次数控启动按钮将执行一个动作循环。（F）
（   ）

12. 发那科系统不可以用 G90 单一切削循环车圆锥面。（F）（   ）

13. 西门子系统 G90 指令的含义是单一直线切削循环。（S）（   ）

14. 发那科系统 G90 指令不仅可以切削圆柱表面，也可以切削圆锥表面。（F）（   ）

15. 发那科系统 G90 指令不能切削内圆锥面。（F）（   ）

16. 发那科系统 X 轴方向的增量用地址 U 表示。（F）（   ）

17. 有些发那科系统数控车床空运行后还需要重回参考点。（F）（   ）

18. 西门子系统 G74 指令是模态有效指令。（S）（   ）

19. 西门子系统可调用轮廓切削循环指令加工圆锥面，也可以用 G01 指令编程加工圆锥面。（S）（   ）

20. 西门子系统数控车床空运行后需要重回参考点。（S）（   ）

21. 西门子系统按下程序测试按钮后，执行程序时刀具将不移动。（S）（   ）

22. 空运行时，刀具移动速度快，要避免发生撞刀事故。（   ）

三、选择题

1. 圆锥大端直径为 100mm，小端直径为 85mm，锥度 $C = 1/4$，则圆锥长度为_____。

  A. 40mm   B. 60mm   C. 65mm   D. 80mm

2. 圆锥小端直径为 40mm，长度为 5mm，圆锥角为 60°，则圆锥大端直径为_____。

  A. 40mm   B. 45.775mm   C. 65mm   D. 65.864mm

3. 外圆锥面零件，车倒锥时易发生干涉的切削刃是_____。

  A. 刀尖   B. 主切削刃   C. 副切削刃   D. 过渡刃

4. 粗车外圆锥面，车刀需要沿圆锥面方向分层车削的原因是_____。

  A. 方便刀具装夹   B. 方便进刀

  C. 编程方便   D. 大、小端余量不均匀

5. 游标万能角度尺的分度值是_____。

    A. 2°   B. 2′   C. 2mm   D. 2μm

6. 加工大批量的非标准圆锥，应选择的量具是_____。

    A. 游标万能角度尺   B. 锥度量规

    C. 正弦规   D. 角度样板

7. 测量标准锥度圆锥，应选择的量具是_____。

    A. 游标万能角度尺   B. 正弦规

    C. 锥度量规   D. 角度样板

8. 粗车圆锥面，进给量应选择_____。

    A. 0.05~0.1mm/r   B. 0.2~0.3mm/r

    C. 1~2mm/r   D. 0.2~0.3mm/min

9. 精车圆锥面，主轴转速应选择_____。

    A. 50~100r/min   B. 200~300r/min

    C. 400~600r/min   D. 800~1200r/min

10. 发那科系统运行程序 G01 U30.0 W40.0 F0.2；则刀具移动的距离为_____。（F）

    A. 30mm   B. 40mm   C. 50mm   D. 70mm

11. 发那科系统用 G90 循环指令车外圆锥，若右端大、左端小，则 R 值为_____。（F）

    A. 正   B. 负   C. 零   D. 无符号

12. 发那科系统用 G90 循环指令车外圆锥，循环起点一般位于_____。（F）

    A. 工件原点   B. 机床原点   C. 轮廓表面上   D. 毛坯轮廓外

13. 发那科系统指令格式 G28 U0 W0；表示_____。（F）

    A. 经（0，0）点回参考点   B. 经（0，0）点返回固定点

    C. 直接回参考点   D. 非法指令格式

14. 发那科系统指令格式 G28 X＿ Z＿；中，X、Z 是指_____。（F）

    A. 中间点坐标   B. 起点坐标   C. 目标点坐标   D. 参考点坐标

15. 西门子系统刀具位于原点位置，运行程序 G90 G01 X0 Z40.0 F0.2；，则刀具移动的距离为_____。（S）

    A. 30mm   B. 40mm   C. 50mm   D. 70mm

16. 西门子系统运行程序 G91 G01 X30.0 Z40.0 F0.2；，则刀具移动的距离为_____。（S）

    A. 30mm   B. 40mm   C. 50mm   D. 70mm

17. 西门子系统相对坐标编程指令是_____。（S）

A. G91　　　　　B. G90　　　　　C. G74　　　　　D. U、W

18. 西门子系统 G90 指令的含义是_____。（S）

A. 直线切削循环　　　　　　　　B. 锥度切削循环

C. 相对坐标指令　　　　　　　　D. 绝对坐标指令

19. 西门子系统回参考点指令的格式是_____。（S）

A. G74；　　　　　　　　　　　B. G74 X1 = 0 Z1 = 0；

C. G75；　　　　　　　　　　　D. G75 X1 = 0 Z1 = 0；

20. 在数控机床上运行程序，进行刀具轨迹仿真时，应选用的工作方式是_____。

A. AUTO　　　　B. MDA　　　　C. EDIT　　　　D. JOG

四、简答题

1. 什么是锥度？锥度与圆锥半角有何关系？

2. 常用测量圆锥角度的量具有哪些？各用于什么场合？

3. 什么是绝对坐标编程？什么是增量坐标编程？

4. 简述发那科系统回参考点指令的使用注意事项。（F）

5. 简述西门子系统回参考点指令的使用注意事项。（S）

五、编程训练题

1. 用增量编程指令编写图 2-2 所示阶梯轴的数控加工程序，填写表 2-2，并进行加工训练。

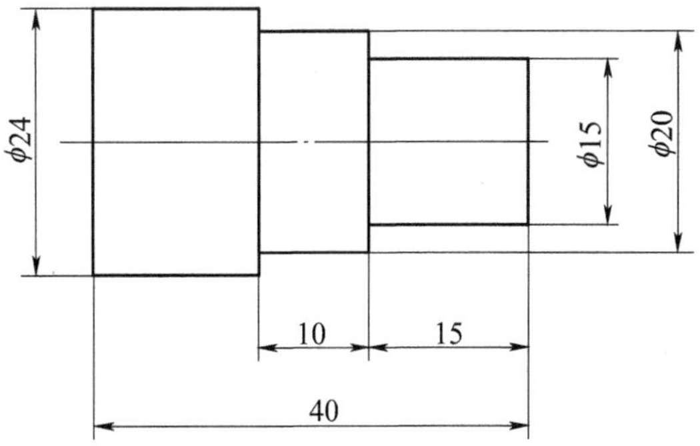

图 2-2　阶梯轴

表 2-2　阶梯轴数控加工程序

程序段号	程序内容 （发那科系统）	程序内容 （西门子系统）	备注

2. 编写图 2-3 所示圆锥轴的数控加工程序，填写表 2-3，并进行加工训练。材料为 45 钢，毛坯为 $\phi20mm$ 棒料。

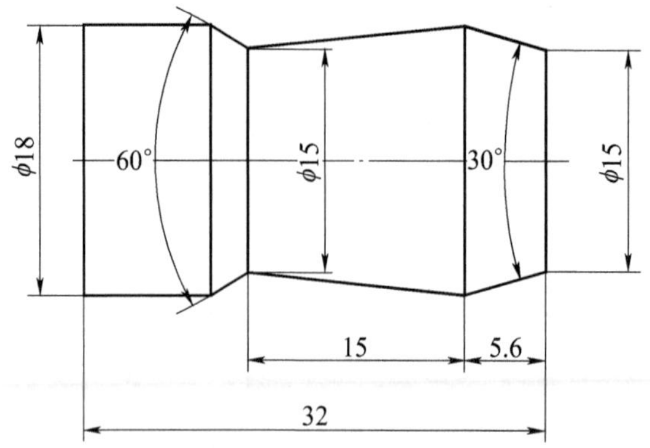

图 2-3　圆锥轴

表 2-3　圆锥轴数控加工程序

程序段号	程序内容 （发那科系统）	程序内容 （西门子系统）	备注

任务三 多槽轴的加工

一、填空题

1. 轴套类零件表面上的槽常作为_____槽、_____槽、_____槽及冷却槽等。

2. 轴套类零件表面上槽的类型常有_____槽、_____槽和_____槽等。

3. 车槽刀刀头长度常比槽的深度长_____mm 左右。

4. 加工宽度尺寸小于____mm 的槽时，刀头宽度常取槽的宽度尺寸。

5. 车外直槽后，为避免撞刀，车槽刀应先沿_____方向退出，再沿_____方向退回。

6. 窄槽车刀刀头宽度常与_____相同，一般采用_____法切削。

7. 粗加工宽直槽，车槽刀应采用多次_____切削法加工并在____、____留精车余量。

8. 为保证槽底光滑圆整，车槽刀车至槽底需_____。

9. 当加工工件上_____部分的形状和结构时，可将这部分形状和结构的加工编写成子程序，在主程序适当位置调用、运行。

10. 子程序结构与主程序相同，也是由_____、_____和_____指令组成的。

11. 发那科系统 G04 X4；中，"G04"的含义是_____，"X4"的含义是_____。（F）

12. 发那科系统 G75 指令只能加工_____向沟槽。（F）

13. 发那科系统径向沟槽复合切削循环指令是_____。（F）

14. 发那科系统 M99 指令的含义是_____，M98 指令的含义是_____。（F）

15. 西门子系统 G04 F4；中，"G04"的含义是_____，"F4"的含义是_____。（S）

16. 西门子系统 G04 S5；中，"G04"的含义是_____，"S5"的含义是_____。（S）

17. 西门子系统车槽循环指令是_____。（S）

18. 西门子系统子程序结束指令有_____等。（S）

19. 外槽车刀安装时刀尖应与工件旋转中心_____。

20. 外槽车刀编程与对刀时常选_____作为刀位点。

二、判断题

1. 焊接式车槽刀价格较低，但磨损后需重磨，效率低。　　　　　　　　（　　）

2. 车槽刀刀头长度通常比切入工件深度小。　　　　　　　　　　　　　（　　）

3. 车窄直槽可以采用 G00 指令切入。　　　　　　　　　　　　　　（　　　）

4. 直进法车槽时，在刀具车至槽底后退出过程中，必须用 G00 指令快速退出。（　　　）

5. 宽度较大的槽不能用刀头宽度等于槽宽的刀具以直进法切削。　　（　　　）

6. 车槽时切削用量应选择得大一些，以提高车槽效率。　　　　　　（　　　）

7. 尺寸较大的 V 形槽，一般分中、左、右 3 次进给车削。　　　　（　　　）

8. G04 指令是模态有效指令。　　　　　　　　　　　　　　　　　（　　　）

9. 车槽至槽底采用 G04 指令的目的是修光槽底。　　　　　　　　（　　　）

10. 车宽槽可以调用车槽复合循环指令编程加工。　　　　　　　　（　　　）

11. 发那科系统 G04 P5；指令表示暂停 5s 时间。（F）　　　　　（　　　）

12. 发那科系统 G75 指令不仅可以用来加工外径向槽，也可以用来加工内径向槽。（F）
　　　　　　　　　　　　　　　　　　　　　　　　　　　　　　　（　　　）

13. 发那科系统使用 G75 指令车槽时，若 Δk 值大于槽宽，将车出多个相同尺寸的槽。（F）　　　　　　　　　　　　　　　　　　　　　　　　　（　　　）

14. 发那科系统主程序与子程序从程序名到程序内容及程序结束指令都没有区别。（F）
　　　　　　　　　　　　　　　　　　　　　　　　　　　　　　　（　　　）

15. 发那科系统子程序不可以再调用其他子程序。（F）　　　　　　（　　　）

16. 发那科系统 M99 指令是子程序结束并返回指令。（F）　　　　（　　　）

17. 西门子 802D 系统 CYCLE93（或 828D 系统 CYCLE930）车槽循环指令不仅可以用来加工径向槽，也可以用来加工端面槽。（S）　　　　　　　　（　　　）

18. 西门子系统 CYCLE93（或 828D 系统 CYCLE930）车槽循环指令可以一次调用后加工多个相同尺寸的径向槽。（S）　　　　　　　　　　　　　　（　　　）

19. 西门子系统主程序与子程序从程序名到程序内容及程序结束指令都没有区别。（S）
　　　　　　　　　　　　　　　　　　　　　　　　　　　　　　　（　　　）

20. 西门子系统子程序调用指令是 M98。（S）　　　　　　　　　　（　　　）

21. 西门子系统子程序还可以再调用其他子程序。（S）　　　　　　（　　　）

22. 用已对刀的外圆车刀车外圆后，车槽时车槽刀就不需要再对刀了。（　　　）

三、选择题

1. 数控车床上常用的车槽刀结构形式是_____。
   A. 整体式　　　　　　　　　　　　B. 焊接式
   C. 可转位式　　　　　　　　　　　D. 机夹式

2. 数控车床上粗车宽槽时采用的进刀方式为_____。
   A. 直进法　　　　　　　　　　　　B. 横向多次进刀法
   C. 纵向多次进刀法　　　　　　　　D. 斜进法

3. 槽宽小于5mm，所选车槽刀刀头宽度与槽宽的关系是_____。

    A. 小于   B. 大于   C. 等于   D. 无要求

4. 在数控车床上以直进法车外直槽，加工至槽底后刀具退出的方向是_____。

    A. -Z   B. -X   C. +Z   D. +X

5. 一般测量槽底直径尺寸选择的量具是_____。

    A. 钢直尺   B. 样板

    C. 游标卡尺   D. 内径千分尺

6. 在数控车床上车槽时的进给量一般选择_____。

    A. 0.08mm/r   B. 0.4mm/r

    C. 0.8mm/r   D. 0.1mm/min

7. 在数控车床上采用可转位车刀车槽时，主轴转速一般选择_____。

    A. 100~200r/min   B. 300~400r/min

    C. 500~700r/min   D. 300~400r/s

8. 表示暂停主轴转过4r时间的程序是_____。（S）

    A. G04 S4;   B. G04 F4;   C. G04 U4;   D. G04 P4;

9. 可以编写成子程序，在主程序适当位置调用以简化程序结构的情况是_____。

    A. 一批相同的工件   B. 工件上相同的形状和结构

    C. 工件上相似的形状和结构   D. 工件上不同的形状和结构

10. 下列说法正确的是_____。

    A. 主程序可以调用子程序，子程序不可以再调用其他子程序

    B. 主程序不可以调用子程序，子程序也不可以再调用其他子程序

    C. 主程序不可以调用子程序，子程序可以再调用其他子程序

    D. 主程序可以调用子程序，子程序还可以再调用其他子程序

11. 发那科系统 G04 X4.0;表示暂停时间为_____。（F）

    A. 4μs   B. 4ms   C. 4s   D. 40s

12. 发那科系统 G04 P5 表示暂停时间为_____。（F）

    A. 5μs   B. 主轴转5r的时间

    C. 5s   D. 5ms

13. 发那科系统车槽复合循环指令 G75 中，X、Z 所指的绝对坐标是_____。（F）

    A. 槽底起点   B. 槽底终点

    C. 循环起点   D. 工件原点

14. 发那科系统车槽复合循环指令 G75 中，Δi 指_____。（F）

    A. 槽底坐标   B. X 方向切深

    C. Z 方向切深   D. 退刀量

15. 发那科系统 M98 P30113;调用的子程序名是_____。（F）

A. O3011   B. O0113   C. 3011   D. 0113

16. 西门子系统暂停指令是_____。（S）

     A. G04 F4;   B. G04 U4;   C. G04 X4.0;   D. G04 P4;

17. 西门子 802D 系统车槽循环指令 CYCLE93（或 828D 系统 CYCLE930）槽侧面倾角范围是_____。

     A. 0°~45°   B. 45°~90°

     C. 0°~90°   D. 0°~180°

18. 调用西门子 802D 系统车槽循环 CYCLE93（或 828D 系统 CYCLE930）时，若槽宽小于车槽刀宽度，将_____。

     A. 车多个槽   B. 车一个槽   C. 精车槽   D. 报警

19. 西门子 802D 系统车槽循环指令 CYCLE93（或 828D 系统 CYCLE930），确定槽位置的参数是_____。

     A. SPD（SC）   B. WIDG（UX）

     C. DTB（"加工"）   D. VARI（"位置"）

20. N20 L0113 P3；调用的子程序名是_____。（S）

     A. L0113.SPF   B. L113.SPF   C. 0113   D. P3

四、简答题

1. 简述子程序及其应用场合。

2. 加工 V（梯）形外槽如何进刀？

3. 发那科系统主程序与子程序有何区别？如何调用子程序？（F）

4. 西门子系统主程序与子程序有何区别？如何调用子程序？（S）

五、编程训练题

试用子程序编写图 2-4 所示槽轴的数控加工程序，填写表 2-4，并进行加工训练。材料为 45 钢，毛坯为 φ20mm 棒料。

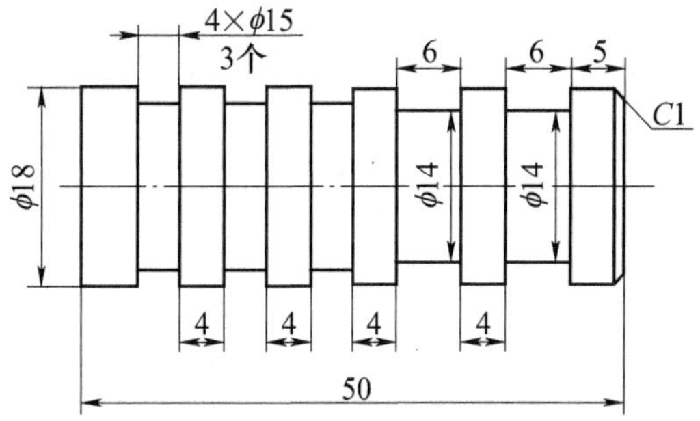

图 2-4　槽轴

表 2-4　槽轴数控加工程序

程序段号	程序内容 （发那科系统）	程序内容 （西门子系统）	备注

程序段号	程序内容 （发那科系统）	程序内容 （西门子系统）	备注

（续）

任务四　多阶梯轴的加工

一、填空题

1. 在数控车床上装夹工件有_____装夹和_____装夹两种方式。

2. 普通经济型数控车床加工小型、规则轴套类工件常用_____装夹工件。

3. 高档数控车床常采用_____卡盘夹紧工件，以提高效率。

4. 细长轴工件精加工时一般采用_____装夹。

5. 粗车多阶梯轴，当工艺系统刚性足够时，应选择____的背吃刀量，以减少走刀次数。

6. 编程尺寸通常取零件极限尺寸的_____。

7. $\phi 36_{-0.036}^{0}$ mm 的编程尺寸为_____。

8. G96 指令的含义是_____，G97 指令的含义是_____。

9. 发那科系统指令 G96 S _;，"S"后的数值表示_____的大小。（F）

10. 发那科系统指令 G50 S _;的含义是设定主轴转速_____，"S"后的数值表示_____，单位是_____。（F）

11. 发那科系统轮廓复合循环指令 G71 U（Δd）R（e）；中，"Δd"的含义是_____，"e"的含义是_____。（F）

12. 发那科系统轮廓复合循环指令 G71 P（ns）Q（nf）U（Δu）W（Δw）；中，"Δu"的含义是_____，"Δw"的含义是_____。（F）

13. 发那科系统中 G70 指令的含义是_____。（F）

14. 西门子系统指令格式 G96 S _ LIMS = _ F _；中，"S"的单位是_____，LIMS 的含义是_____。（S）

15. 西门子 802D 系统轮廓切削循环 CYCLE95（或 828D 系统 CYCLE952）指令中，参数 NPP（PRG）的含义是_____。

16. 西门子 802D 系统轮廓切削循环 CYCLE95（或 828D 系统 CYCLE952）指令中，参数 FF3（FS）的含义是_____。

17. 西门子 802D 系统轮廓切削循环 CYCLE95（或 828D 系统 CYCLE952）指令中，参数 VARI（"加工"）的含义是_____。

18. 西门子 802D 系统轮廓切削循环 CYCLE95（或 828D 系统 CYCLE952）指令中，参数 FF2（FR）的含义是_____。

二、判断题

1. 自定心卡盘适用于装夹大型或不规规形状工件。　　　　　　　　　　（　　）

2. 单动卡盘具有自动定心功能。 （　　）

3. 粗车细长轴工件，一般采用一夹一顶装夹方式。 （　　）

4. 自定心卡盘不具有自动定心功能。 （　　）

5. 两顶尖装夹工件定心精度高，常用于精加工细长轴。 （　　）

6. 精加工多阶梯轴应选择中等切削速度。 （　　）

7. 为方便进行尺寸控制，常以极限尺寸的平均尺寸作为其编程尺寸。 （　　）

8. G96 指令是程序段有效代码。 （　　）

9. 使用恒定切削速度指令后，能保证车削不同直径外圆时主轴转速恒定不变。 （　　）

10. 使用恒定切削速度指令后，当工件直径变小时，主轴转速将变大，但不会超过主轴转速上限值。 （　　）

11. 发那科系统 G71 粗车复合循环指令只能用于径向尺寸呈单向递增或递减工件的粗加工。（F） （　　）

12. 发那科系统 G71 粗车复合循环指令车外轮廓时，Δu 为负值。（F） （　　）

13. 发那科系统 G71 粗车复合循环指令轮廓子程序 ns～nf 还可以调用其他子程序。（F） （　　）

14. 发那科系统调用 G71 粗车复合循环指令时，刀具应处于循环起点位置，循环起点位置应随加工表面位置的不同而不同。（F） （　　）

15. 发那科系统也可以调用 G70 复合循环指令粗车外轮廓。 （　　）

16. 西门子系统轮廓切削复合循环指令 CYCLE95（或 CYCLE952）可用于径向尺寸不呈单向递增或递减工件的粗、精加工。（S） （　　）

17. 西门子系统轮廓切削循环指令 CYCLE95（或 CYCLE952）精加工外轮廓时，加工方式 VARI（"加工"）值应取 1。（S） （　　）

18. 西门子系统轮廓切削循环指令 CYCLE95（或 CYCLE952）既可以加工外轮廓也可以加工内轮廓。（S） （　　）

19. 使用西门子系统轮廓切削循环指令 CYCLE95（或 CYCLE952）时，无须另外编写轮廓子程序。（S） （　　）

20. 西门子系统使用 CYCLE95（或 CYCLE952）指令，编写轮廓子程序的第一个程序段中应包含 G00、G01、G02、G03 指令，否则会报警。（S） （　　）

21. 车削外圆一般都是通过修调刀具磨损量的方式进行尺寸精度控制的。 （　　）

三、选择题

1. 粗车一般小型、规则形状轴套类工件采用的装夹方式是_____。
　　A. 自定心卡盘装夹　　　　　　　　　B. 单动卡盘装夹
　　C. 一夹一顶装夹　　　　　　　　　　D. 两顶尖装夹

2. 精车细长轴工件常采用的装夹方式是_____。
    A. 自定心卡盘装夹   B. 单动卡盘装夹
    C. 一夹一顶装夹   D. 两顶尖装夹

3. 数控车床上的自动装夹方式是_____。
    A. 自定心卡盘装夹   B. 单动卡盘装夹
    C. 液压卡盘装夹   D. 两顶尖装夹

4. 车 $\phi40mm\pm0.15mm$ 外圆，其编程尺寸为_____。
    A. 39.85mm   B. 39.95mm   C. 40.15mm   D. 40mm

5. 车 $\phi30_{-0.04}^{0}mm$ 外圆，精加工结束后实测外圆尺寸为 $\phi30.08mm$，若再运行精加工程序时能将尺寸控制在公差范围内，则机床中刀具磨损量应设为_____。
    A. 0.8mm   B. 0.5mm   C. 0.08mm   D. 0.05mm

6. G96 指令生效后，当车削外圆直径变大时，主轴转速将_____。
    A. 不变   B. 变慢   C. 变快   D. 变快或变慢

7. G96 指令生效后，加工中始终不变的参数是_____。
    A. 主轴转速   B. 工件直径
    C. 背吃刀量   D. 切削速度

8. 发那科系统 G96 S500；是指切削速度为_____。（F）
    A. 500r/s   B. 500r/min   C. 500m/min   D. 500m/s

9. 发那科系统 G50 S500；中，主轴转速上限值为_____。（F）
    A. 500r/s   B. 500r/min   C. 500m/min   D. 500m/s

10. G71 复合循环中，Δu 是指_____。（F）
    A. X 方向精车余量   B. Z 方向精车余量
    C. 退刀量   D. 背吃刀量

11. G71 复合循环中，轮廓精车子程序 ns 与 nf 中的"s""f"是指_____。（F）
    A. 粗车用量   B. 精车用量
    C. 粗车和精车用量   D. 粗车或精车用量

12. G71 复合循环中 Δw 是指_____。（F）
    A. X 方向精车余量   B. Z 方向精车余量
    C. 退刀量   D. 背吃刀量

13. 发那科系统调用 G71 复合循环，刀具应处于_____。（F）
    A. 工件原点   B. 机床原点
    C. 刀具移至循环起点不发生撞刀的任意点 D. 换刀点

14. 调用 G71 复合循环，工件应_____。（F）
    A. 轴向尺寸单向递增   B. 径向尺寸单向递增或递减
    C. 轴向尺寸单向递减   D. 无轴向、径向尺寸要求

15. 西门子系统 G96 S500 LIMS=2000 F0.2；恒定切削速度为_____。（S）

    A. 2000r/min   B. 500r/min

    C. 500m/min   D. 500m/s

16. 西门子系统 G96 S100 LIMS=1500 F0.2；主轴转速上限值为_____。（S）

    A. 100r/min   B. 100m/min

    C. 1500m/s   D. 1500r/min

17. 西门子系统调用 CYCLE95（或 CYCLE952）复合循环指令，循环起点应处于_____。（S）

    A. 工件原点   B. 机床原点

    C. 刀具返回循环起点不发生撞刀的任意点   D. 换刀点

18. 西门子系统 CYCLE95（或 CYCLE952）循环中，表示精车进给速度的参数是_____。（S）

    A. FF1（或 F）   B. FF2（或 UX）

    C. FF3（或 FS）   D. FF4（或 UZ）

19. 西门子系统 CYCLE95（或 CYCLE952）循环中，表示 X 轴方向精车余量的参数是_____。（S）

    A. FALX（或 UX）   B. FALZ（或 UZ）

    C. MID（或 UD）   D. VRT（或 DZ）

20. 西门子系统 CYCLE95（或 CYCLE952）循环中，表示加工方式的参数是_____。（S）

    A. FALX（或"余料"）   B. FALZ（或 PRG）

    C. MID（或 CONR）   D. VARI（或"加工"）

四、简答题

1. 编程尺寸如何确定？试举例说明。

2. 轴类工件的装夹方式有哪些？各有何特点？分别应用在什么场合？

3. 调用轮廓复合切削循环 G71 指令时应注意哪些问题？（F）

4. 调用西门子 802D 系统轮廓切削循环 CYCLE95（或 828D 系统 CYCLE952）指令时应注意哪些问题？（S）

五、编程训练题

编写图 2-5 所示多阶梯轴的数控加工程序，填写表 2-5 和表 2-6，并进行加工训练。材料为 45 钢，毛坯尺寸为 $\phi 30\text{mm} \times 80\text{mm}$。

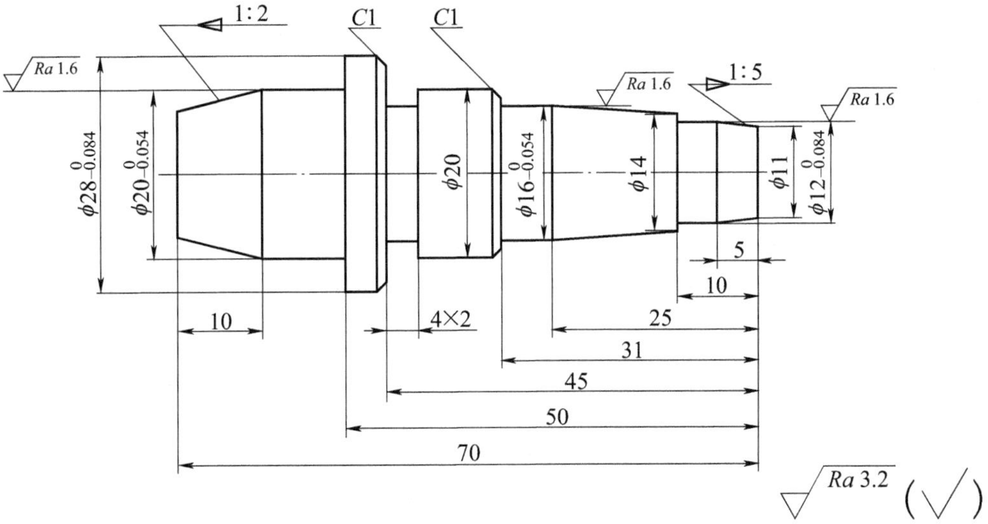

图 2-5　多阶梯轴

表 2-5　多阶梯轴右端轮廓数控加工程序

程序段号	程序内容 （发那科系统）	程序内容 （西门子系统）	备注

程序段号	程序内容 （发那科系统）	程序内容 （西门子系统）	备注

表 2-6   多阶梯轴左端轮廓数控加工程序

程序段号	程序内容 （发那科系统）	程序内容 （西门子系统）	备注

项目二测试训练

一、填空题（每空 1 分，共 30 分）

1. 粗车轴类工件时，一般先粗车____直径外圆，后粗车____直径外圆。

2. 切削用量包括____、____和____二个要素。

3. G00 指令的____点不能设置在工件表面上，移动过程中也____碰到机床、夹具等。

4. 编程时，为保证刀具运行中不发生撞刀，常将起刀点设置在____。

5. 圆锥大端直径为 100mm，长度为 60mm，锥度 $C = 1/5$，则圆锥小端直径为____mm，圆锥角为____。

6. 绝对坐标是以____坐标系原点为基准计量的，即刀具当前位置在____坐标系中的坐标。

7. 增量坐标是指刀具____位置相对于前一位置的增量。

8. 数控车床空运行时，若按下辅助功能锁住按钮，刀具将____移动，只是数控程序运行一遍。

9. 车外直槽后，为避免撞刀，车槽刀应先沿____方向退出，再沿____方向退回。

10. 窄槽车刀刀头宽度常与____相同，一般采用____法切削。

11. 粗车宽直槽，车槽刀应采用多次____进给切削法加工并在____、槽侧留精车余量。

12. 为保证槽底光滑，车槽刀车至槽底需____。

13. 外槽车刀编程与对刀时常选____作为刀位点。

14. 在数控车床上装夹工件有____装夹和____装夹两种方式。

15. 经济型数控车床车削小型、规则形状轴类工件常用____装夹工件。

16. ____车床常采用液压卡盘夹紧工件。

17. 零件编程尺寸通常取____。

18. $\phi 40_{-0.036}^{0}$ mm 的编程尺寸为____。

19. G96 指令的含义是____，G97 指令的含义是____。

二、判断题（每题 1 分，共 18 分）

1. 外圆粗车刀的后角应选择较大值，以避免与工件表面发生摩擦。　　　　（　　）

2. 精车阶梯轴表面时，外圆车刀的副偏角应大于90°。 （　　）

3. G00、G01 指令都是程序段有效指令。 （　　）

4. G01 指令常用于退刀或空行程场合，G00 指令用于轮廓直线加工。 （　　）

5. 首次加工时应尽可能采用单段运行，以便于程序的检查和校验。 （　　）

6. 内、外圆柱面配合后同轴度较高。 （　　）

7. 车倒外圆锥时，刀具副偏角不够大，就会产生副切削刃干涉现象。 （　　）

8. 配合精度要求较高的标准圆锥表面应选用锥度量规测量。 （　　）

9. 空运行时，刀具移动速度快，可以用于快速切削，以提高效率。 （　　）

10. 焊接式车槽刀价格较低，但磨损后需重磨，效率低。 （　　）

11. 车槽刀刀头宽度通常比所车槽的宽度尺寸大。 （　　）

12. 车窄直槽可以采用 G00 指令切入。 （　　）

13. 车槽至槽底采用 G04 指令的目的是修光槽底。 （　　）

14. 车宽槽可以调用车槽复合循环指令编程加工。 （　　）

15. 自定心卡盘适用于装夹大型或不规则形状工件。 （　　）

16. 自定心卡盘具有自动定心功能。 （　　）

17. 粗加工多阶梯轴应选择高的切削速度。 （　　）

18. 使用恒定切削速度指令后，当工件直径变小时，主轴转速将变大，但不会超过主轴转速上限值。 （　　）

三、选择题（每题 1 分，共 20 分）

1. 外圆直径尺寸为 $\phi24^{0}_{-0.033}$mm，应选择的量具是_____。

   A. 钢直尺　　　　　B. 游标卡尺　　　　C. 外径千分尺　　　D. 内径百分表

2. 若工件转速为 800r/min，刀具进给速度为 200mm/min，则每转进给量为_____。

   A. 4mm　　　　　　B. 2.5mm　　　　　C. 0.25mm　　　　　D. 0.025mm

3. 车 $\phi60$mm 外圆，通过查工具手册选择切削速度为 180m/min，则主轴转速应选择为_____。

   A. 120r/min　　　　B. 400r/min　　　　C. 800r/min　　　　D. 1000r/min

4. G00 X _ Z _；指令格式中，X、Z 的坐标是指_____。

   A. 刀具起点　　　　B. 换刀点　　　　　C. 参考点　　　　　D. 刀具移动终点

5. 编程时，刀具起始点一般设置在_____。

   A. 机床原点　　　　B. 工件原点　　　　C. 机床参考点　　　D. 机械原点

6. 圆锥小端直径为 30mm，长度为 12mm，圆锥角为 120°，则圆锥大端直径为_____。

   A. 71.569mm　　　　B. 65.864mm　　　　C. 42mm　　　　　　D. 30mm

7. 车外圆锥面零件，车倒锥时易发生干涉的切削刃是_____。

    A. 刀尖   B. 主切削刃   C. 副切削刃   D. 过渡刃

8. 粗车外圆锥面，车刀需要沿圆锥面方向分层车削的原因是_____。

    A. 方便刀具装夹   B. 方便进刀   C. 方便编程   D. 加工余量不均匀

9. 粗车圆锥面，进给量应选择_____。

    A. 0.05~0.1mm/r   B. 0.2~0.3mm/r   C. 1~2mm/r   D. 0.2~0.3mm/min

10. 槽宽小于5mm，所选车槽刀刀头宽度应_____槽宽。

    A. 等于   B. 大于   C. 小于   D. 小于或等于

11. 在数控车床上以直进法车槽，当车刀车至槽底后先退出的方向是_____。

    A. −Z   B. −X   C. +Z   D. +X

12. 在数控车床上用可转位车槽刀车槽时的主轴转速为_____。

    A. 100~200r/min   B. 300~400r/min

    C. 500~700r/min   D. 300~400r/s

13. 表示暂停主轴转过3r时间的指令是_____。

    A. G04 S3;   B. G04 F3;   C. G04 X30;   D. G04 P3;

14. 可以编写子程序，在主程序适当位置调用的是_____。

    A. 一批相同的工件   B. 工件上相同的形状和结构

    C. 工件上相似的形状和结构   D. 工件上不同的形状和结构

15. 采用自定心卡盘装夹的工件是_____。

    A. 小型、规则形状的轴套类工件   B. 不规则形状工件

    C. 机架类工件   D. 箱体类工件

16. 精车细长轴工件常采用的装夹方式是_____。

    A. 自定心卡盘装夹   B. 单动卡盘装夹

    C. 一夹一顶装夹   D. 两顶尖装夹

17. G96指令生效后，当车削外圆直径变大时，主轴转速将_____。

    A. 不变   B. 变小   C. 变大   D. 变大或变小

18. 能保证切削过程中切削速度不变的指令是_____。

    A. G94   B. G95   C. G96   D. G97

19. 发那科系统G71粗车复合循环指令中 Δu 是指_____。（F）

    A. X方向精车余量   B. Z方向精车余量

    C. 退刀量   D. 背吃刀量

20. 西门子802D系统轮廓切削循环CYCLE95（或828D系统CYCLE952）指令中，表示加工方式的参数是_____。

    A. FALX（或UX）   B. FALZ（或UZ）

    C. MID（或"位置"）   D. VRT（或"加工"）

四、简答题（每小题4分，共12分）

1. 什么是基点？基点有何作用？

2. 什么是绝对坐标编程？什么是增量坐标编程？

3. 简述子程序及其应用场合。

五、编程题（共20分）

编写图2-6所示多阶梯轴的数控加工程序，并填写表2-7。材料为45钢，毛坯为$\phi 30mm$棒料。

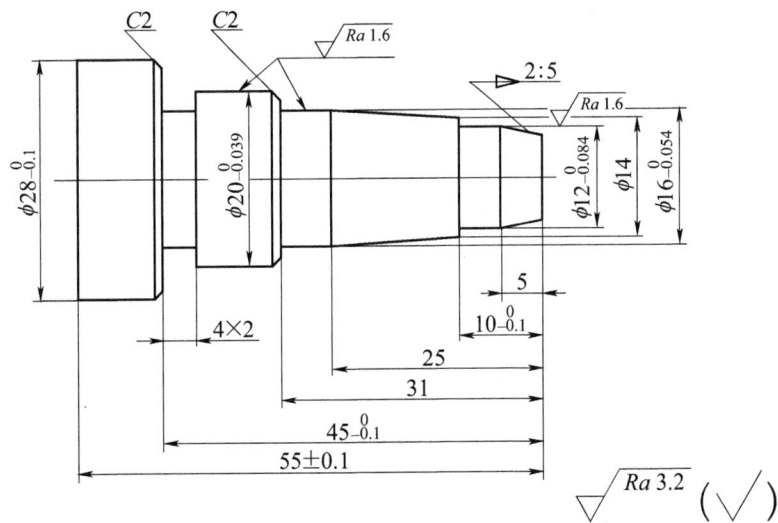

图2-6 多阶梯轴

表 2-7　多阶梯轴数控加工程序

程序段号	程序内容	程序段号	程序内容

项目三　套类零件加工

任务一　通孔轴套的加工

一、填空题

1. 通孔车刀的主偏角一般应小于_____。

2. 内孔车刀刀杆尺寸太小，_____差、易振动；刀杆尺寸太大，刀杆会和内孔表面发生_____，一般选择不发生_____的最大刀杆尺寸。

3. 普通经济型数控车床一般都是采用_____方式钻中心孔和钻孔。

4. 车孔的尺寸精度一般可达_____。

5. 钻孔前需钻中心孔，其目的是使麻花钻_____。

6. 扩孔常用于孔的_____加工。

7. 钻孔是在_____材料上加工孔的方法，加工后孔尺寸精度较_____。

8. 麻花钻一般采用_____材料制成，故钻孔时应充分浇注_____进行冷却。

9. 直径较小、硬度不高的孔可采用_____方法进行精加工。

10. 测量孔径的常用量具有_____、_____、_____和_____等。

11. 内径百分表的分度值为____mm，内径千分尺的分度值为____mm。

12. 塞规标记有"T"符号的为_____端，标记有"Z"符号的为_____端。

13. G17 指令是指选择_____平面，G18 指令是指选择_____平面。

14. 数控车床常指定_____平面，指令是_____。

15. 全功能数控车床常采用钻孔循环指令钻孔，此时_____平面应有效。

16. 编程及对刀时，常取_____作为内孔车刀的刀位点。

17. 发那科系统钻深孔循环指令是_____。（F）

18. 西门子系统钻深孔循环指令是_____。（S）

19. 在数控车床上手动钻孔时，需将麻花钻装夹在_____内。

20. 通孔车刀无法通过试车端面进行 Z 方向对刀，只能借助钢直尺等将刀尖与_____对齐，然后进行对刀面板操作。

二、判断题

1. 数控车床常采用可转位内孔车刀。　　　　　　　　　　　　　　　　　　（　　）

2. 通孔车刀的主偏角一般都大于等于 90°。 （　　）

3. 内孔车刀长度不能太长，否则刚性差，加工时易振动。 （　　）

4. 钻中心孔时，主轴转速一般选择为 300r/min 左右。 （　　）

5. 钻孔可以作为孔的精加工方法之一。 （　　）

6. 铰孔是孔径不大、硬度不高的孔的精加工的常用方法之一。 （　　）

7. 钻孔是将孔径扩大的加工方法。 （　　）

8. 游标卡尺的分度值为 0.02mm，常作为高精度孔的测量工具。 （　　）

9. 精度较高的内孔直径也可选用外径千分尺测量。 （　　）

10. 塞规通端通不过，说明孔径尺寸偏小。 （　　）

11. 大批量加工高精度内孔表面应选用内径百分表测量。 （　　）

12. 铰孔时应选择较低的主轴转速。 （　　）

13. 用麻花钻钻 ϕ40mm 孔时，主轴转速一般选择 1000r/min 左右。 （　　）

14. 车内圆柱面，车刀刀尖可略高于工件回转中心。 （　　）

15. 在普通数控车床上，G17 平面指令应有效。 （　　）

16. 一般经济型数控车床都是手动钻中心孔和钻孔的。 （　　）

17. 高档数控车床常采用钻孔循环指令钻中心孔和钻孔。 （　　）

18. 高档数控车床采用钻孔循环指令进行钻中孔时，G18 指令必须有效。 （　　）

19. 发那科系统调用 G83 循环钻孔时，刀具必须处于钻孔位置。（F） （　　）

20. 西门子系统调用 G83 循环钻孔时，刀具必须处于钻孔位置。（S） （　　）

三、选择题

1. 在实心材料上加工内孔的方法是＿＿＿＿。

   A. 钻孔　　　　　B. 扩孔　　　　　C. 车孔　　　　　D. 铰孔

2. 加工 ϕ40$_{-0.021}^{0}$mm 小批量孔，表面粗糙度值为 Ra3.2μm，采用的加工工艺为＿＿＿＿＿＿。

   A. 钻中心孔→钻孔→铰孔　　　　　B. 钻中心孔→钻孔→扩孔

   C. 钻孔→扩孔→磨孔　　　　　　　D. 钻中心孔→钻孔→车孔

3. 在数控车床上加工内孔，可以粗加工也可以精加工的方法是＿＿＿＿。

   A. 钻孔　　　　　B. 扩孔　　　　　C. 车孔　　　　　D. 铰孔

4. 测量大批量、高尺寸精度的孔，可选用的量具是＿＿＿＿。

   A. 游标卡尺　　　B. 内径百分表　　C. 塞规　　　　　D. 外径千分尺

5. 测量较深孔的孔径，选用的量具是＿＿＿＿。

   A. 游标卡尺　　　　　　　　　　　B. 内径百分表

C. 内径千分尺   D. 外径千分尺

6. 属于直接测量、用于测量深度较浅、精度较高的孔的量具是_____。

     A. 游标卡尺   B. 内径百分表   C. 塞规   D. 内径千分尺

7. 同等情况下，车内孔面和车外圆面相比，切削用量_____。

     A. 小   B. 大   C. 相等   D. 精加工时小

8. 在普通数控车床上钻 ϕ30mm 孔，较适宜的转速是_____。

     A. 100r/min   B. 400r/min   C. 800r/min   D. 1000r/min

9. 在普通数控车床上钻中心孔，较适宜的转速是_____。

     A. 100r/min   B. 400r/min   C. 600r/min   D. 1000r/min

10. 在数控车床上精车 ϕ40mm 孔，较适宜的转速是_____。

     A. 100~200r/min   B. 300~400r/min

     C. 500~600r/min   D. 800~1000r/min

11. 在数控车床上铰孔，较适宜的转速是_____。

     A. 100~200r/min   B. 300~400r/min

     C. 500~600r/min   D. 800~1000r/min

12. 用硬质合金车刀精车内孔，表面粗糙度值最小能达到 Ra_____。

     A. 0.4μm   B. 1.6μm   C. 6.3μm   D. 12.5μm

13. 铰内孔时，表面粗糙度值最小能达到 Ra_____。

     A. 0.4μm   B. 1.6μm   C. 6.3μm   D. 12.5μm

14. 发那科系统 G83 循环中，X、C 表示的含义是_____。（F）

     A. 孔底坐标   B. 返回平面坐标

     C. R 平面坐标   D. 孔位置坐标

15. 发那科系统取消钻孔循环的指令是_____。（F）

     A. G80   B. G81   C. G82   D. G83

16. 西门子系统使用 CYCLE83 循环指令后，刀具最后返回到_____。（S）

     A. 参考平面   B. G17 平面   C. 返回平面   D. 工件表面

17. 西门子 802D（828D）系统 CYCLE83 指令中，表示返回平面坐标的参数是_____。

     A. RTP（或 RP）   B. RFP（或 Z0）   C. SDIS（或 SC）   D. DP（或 D）

四、简答题

1. 在数控车床上加工孔有哪些方法？各用于什么场合？

2. 对通孔车刀刀具角度有何要求？

3. 测量内孔直径的量具有哪些？各有何特点？

4. 平面选择指令有哪些？分别代表什么平面？

五、编程训练题

编写图 3-1 所示套筒的数控加工程序，填写表 3-1 和表 3-2，并进行加工训练。材料为 45 钢，毛坯为 ϕ45mm×55mm 棒料。

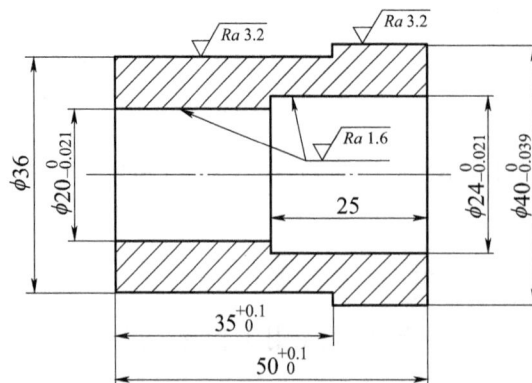

图 3-1　套筒

表 3-1　加工套筒左端外圆的数控加工程序

程序段号	程序内容 （发那科系统）	程序内容 （西门子系统）	备注

表 3-2　加工套筒右端内、外轮廓的数控加工程序

程序段号	程序内容 （发那科系统）	程序内容 （西门子系统）	备注

程序段号	程序内容 （发那科系统）	程序内容 （西门子系统）	备注

任务二 阶梯孔轴套的加工

一、填空题

1. 阶梯孔车刀主偏角一般应_____，否则会发生主切削刃干涉现象。

2. 车不通孔时，为保证将孔底_____，车刀刀尖至刀背的距离应小于内孔半径。

3. 套类工件以内孔定位时，常用的装夹方法有_____、_____、_____和胀力心轴装夹等。

4. 依靠材料弹性变形所产生的胀力来夹紧工件，定心精度高，应用广泛的套类工件装夹方法是_____心轴装夹。

5. 保证套类工件内、外圆间相互位置精度的定位原则有_____原则、____

_____原则。

6. 在数控车床上一次装夹工件后，同时车内、外圆表面，则两表面轴线同轴度较_____。

7. 在数控车床上一次装夹工件后，同时车内、外圆表面，以获得较高的相互位置精度的方法适用于尺寸_____的套类工件的加工。

8. 套类工件若先终加工内孔，再以内孔为定位基准终加工外圆，此时采用的夹具是各种_____。

9. 套类工件若先终加工外圆，再以外圆为定位基准终加工内孔表面，此时采用的夹具是各种定心精度较高的_____。

10. 发那科系统倒角指令的格式是_____。（F）

11. 发那科系统倒角指令的格式中，"C"后跟的数值含义是_____。（F）

12. 西门子系统倒角指令的格式是_____。（S）

13. 西门子系统倒角指令的格式中，"CHF"后跟的数值含义是_____。（S）

二、判断题

1. 通孔车刀一般不能用来车不通孔或阶梯孔。   （ ）

2. 阶梯孔车刀的主偏角应小于或等于90°。   （ ）

3. 阶梯孔车刀的刀杆长度应选择较小值，以保证不发生干涉。 （ ）

4. 自定心卡盘有自动定心功能，调头装夹后也能保证各表面间的相互位置精度。

                   （ ）

5. 圆柱心轴装夹方便，但定心精度较低。   （ ）

6. 小锥度心轴定心精度高，但不能承受较大的轴向力。 （ ）

7. 圆锥心轴定心精度高，应用广泛。   （ ）

8. 为提高自定心卡盘的定心精度，常采用软卡爪装夹工件。 （ ）

9. 套类工件常见的位置精度是内、外圆轴线间的同轴度。 （ ）

10. 阶梯孔的深度常采用内径千分尺测量。   （ ）

11. 发那科系统中车阶梯孔不可以用轮廓切削循环 G71、G70 指令。（F） （ ）

12. 发那科系统倒角指令格式中，"C"忽略不写也能进行倒角。（F） （ ）

13. 西门子系统倒角指令格式中，"CHF"忽略不写也能进行倒角。（S） （ ）

14. 西门子系统中车阶梯孔也可以用轮廓切削循环 CYCLE95（2）指令。（S） （ ）

15. 倒角指令只能使用在直线与直线插补之间。   （ ）

16. 车孔前，最好应手动测试一下，看看车刀是否会干涉。 （ ）

三、选择题

1. 在数控车床上加工阶梯孔时，车刀主偏角应_____。

    A. 小于或等于 90°   B. 大于或等于 90°

    C. 小于 90°   D. 大于 60°

2. 加工平底孔时，为保证将孔底车平，车刀刀尖至刀背的距离（a）与内孔半径（R）的关系是_____。

    A. $a<R$ B. $a>R$

    C. $a=R$ D. 无要求

3. 在数控车床上加工套类工件，应用最广泛的心轴是_____。

    A. 圆柱心轴   B. 小锥度心轴

    C. 圆锥心轴   D. 胀力心轴

4. 在数控车床上加工套类工件，装夹方便但精度较低的心轴是_____。

    A. 圆柱心轴   B. 小锥度心轴

    C. 圆锥心轴   D. 胀力心轴

5. 在数控车床上加工套类工件，内孔是圆锥面时应采用的心轴是_____。

    A. 圆柱心轴   B. 小锥度心轴

    C. 圆锥心轴   D. 胀力心轴

6. 在数控车床上以内孔为定位基准加工套类工件时，常用的夹具是_____。

    A. 自定心卡盘   B. 单动卡盘

    C. 两顶尖   D. 各种心轴

7. 在数控车床上采用互为基准原则加工套类工件，若先终加工外圆，再以外圆为定位基准加工内孔时，应采用的夹具是_____。

    A. 自定心卡盘   B. 单动卡盘

    C. 弹性膜片卡盘   D. 各种心轴

8. 采用互为基准原则加工套类工件，一般先终加工的表面是_____。

    A. 外圆   B. 内孔   C. 外圆或内孔   D. 端面

9. 以下测量阶梯孔深度的量具是_____。

    A. 内径百分表   B. 内径千分尺

    C. 塞规   D. 深度千分尺

10. 测量生产批量较大的阶梯孔孔径，应采用的量具是_____。

    A. 内径百分表   B. 内径千分尺

    C. 塞规   D. 深度千分尺

11. 发那科系统倒角指令格式 G01 X _ Z _ F _; C _; 中，"C"后的数值是 ＿＿＿＿＿＿＿。(F)

      A. 倒角的长度   B. 倒角的角度

      C. 拐点到起点或终点的距离   D. 进给量

12. 发那科系统倒角指令格式 G01 X _ Z _ F _; C _; 中，"X""Z"是指 ＿＿＿＿＿＿＿。(F)

      A. 拐角点坐标   B. 起点坐标

      C. 终点坐标   D. 原点坐标

13. 西门子系统倒角指令格式 G01 X _ Z _ F _ CHF = _; 中，"CHF"后的数值是 ＿＿＿＿＿＿＿。(S)

      A. 倒角的角度   B. 倒角的长度

      C. 拐点到起点或终点的距离   D. 进给量

14. 西门子系统倒角指令格式 G01 X _ Z _ F _ CHF = _; 中，"X""Z"是指 ＿＿＿＿＿＿＿。(S)

      A. 起点坐标   B. 终点坐标

      C. 拐角点坐标   D. 原点坐标

四、简答题

1. 什么是基准统一原则？

2. 什么是互为基准原则？

3. 倒角指令有什么作用？

4. 如何保证套类工件内、外圆间的相互位置精度？

五、编程训练题

编写图 3-2 所示阶梯孔零件的数控加工程序，填写表 3-3 和表 3-4，并进行加工训练。材料为 45 钢，毛坯尺寸为 $\phi 60mm \times 60mm$。

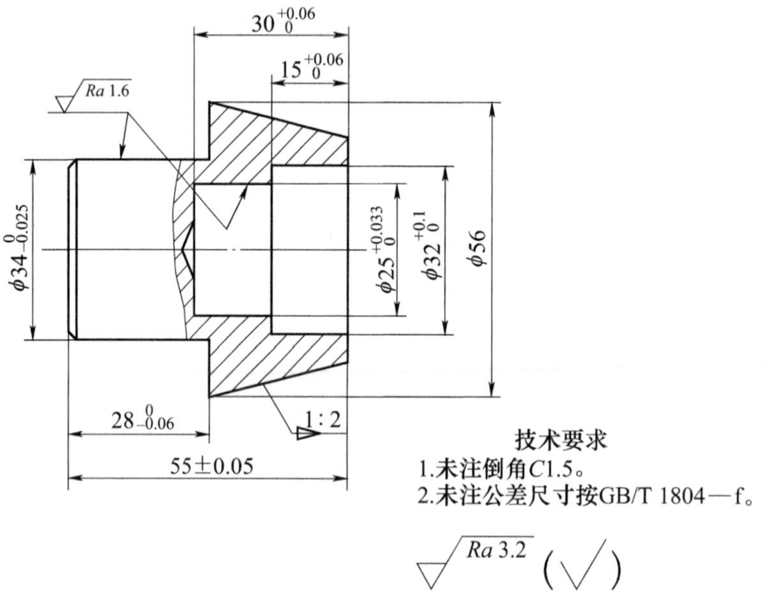

技术要求
1. 未注倒角C1.5。
2. 未注公差尺寸按GB/T 1804—f。

$\sqrt{Ra\,3.2}\ \left(\sqrt{\ }\right)$

图 3-2 阶梯孔零件

表 3-3 阶梯孔零件左端轮廓的数控加工程序

程序段号	程序内容 （发那科系统）	程序内容 （西门子系统）	备注

66

（续）

程序段号	程序内容（发那科系统）	程序内容（西门子系统）	备注

表 3-4　阶梯孔零件右端轮廓的数控加工程序

程序段号	程序内容（发那科系统）	程序内容（西门子系统）	备注

程序段号	程序内容 （发那科系统）	程序内容 （西门子系统）	备注

任务三 锥孔轴套的加工

一、填空题

1. 车削带阶梯的内锥面，车刀主偏角必须＿＿＿＿＿90°。

2. 粗车内圆锥孔时，因大、小端加工余量不均匀，需沿＿＿＿＿＿分层粗车。

3. 测量内圆锥孔角度的量具有＿＿＿＿＿＿、＿＿＿＿＿＿和＿＿＿＿＿＿等。

4. 编程和对刀时是以刀尖作为刀位点进行的，若刀尖存在刀尖圆弧，在车削圆锥面时会产生＿＿＿＿＿＿或过切削现象。

5. 在数控车床上使用刀尖圆弧半径补偿指令时，应选择＿＿＿＿＿平面，指令代码是＿＿＿＿＿＿。

6. G41 指令的含义是＿＿＿＿＿＿＿＿＿＿，G42 指令的含义是＿＿＿＿＿＿＿＿＿＿，G40 指令的含义是＿＿＿＿＿＿＿＿＿＿＿。

7. 粗车刀刀尖圆弧半径一般为＿＿＿mm，精车刀刀尖圆弧半径为＿＿＿mm。

8. 车外圆锥时，刀尖位置号为＿＿＿＿＿号。

9. 车圆锥孔时，一般用刀尖圆弧半径＿＿＿＿＿补偿，以消除刀尖圆弧对圆锥面尺寸的影响；车外圆锥时，一般用刀尖圆弧半径＿＿＿＿＿补偿，以消除刀尖圆弧对圆锥表面尺寸的影响。

10. 车内孔时，刀尖位置号为＿＿＿＿＿号。

11. 自右至左车外圆锥时，采用刀尖圆弧半径补偿指令，其代码是＿＿＿＿＿＿。

12. 自右至左车内锥孔时，采用刀尖圆弧半径补偿指令，其代码是＿＿＿＿＿＿。

13. 车圆锥孔时，若车刀刀尖高于或低于工件回转中心，则会出现＿＿＿＿＿误差。

二、判断题

1. 选择内圆锥面车刀应考虑车刀主、副偏角的大小，预防车刀与工件表面发生干涉。

（　　　）

2. 车圆锥面因为有刀尖圆弧半径存在，切削时产生过切削或欠切削会影响零件的尺寸和形状精度。

（　　　）

3. 车内圆锥面也可以通过调用轮廓切削循环进行切削加工。　（　　　）

4. 车圆柱孔表面，刀尖圆弧半径也会影响工件尺寸和形状精度。　（　　　）

5. 自右至左车外轮廓应选用刀尖圆弧半径左补偿。　（　　　）

6. 使用刀尖圆弧半径补偿指令后，还需要在机床相应参数中输入刀尖圆弧半径值及刀尖位置号。

（　　　）

7. 车刀刀尖圆弧半径不会对内圆锥表面形状和尺寸产生影响。　　　（　　）

8. 刀尖圆弧半径补偿指令需要在移动命令中建立或取消。　　　　（　　）

9. 建立刀尖圆弧半径补偿指令应在轮廓加工前进行。　　　　　　（　　）

10. 在补偿平面内，沿加工方向看，刀具位于轮廓左侧，则用左补偿，即 G42 指令。

　　　　　　　　　　　　　　　　　　　　　　　　　　　　（　　）

11. 车内圆锥面时，可以让车刀刀尖略高于工件回转中心。　　　（　　）

12. 取消刀尖圆弧半径补偿指令应在轮廓加工完毕后进行。　　　（　　）

13. 使用刀尖圆弧半径补偿功能后，在机床数控面板中无须进行相关参数设置，即可消除刀尖圆弧对零件精度的影响。　　　　　　　　　　　　　　　（　　）

14. 车内圆锥面时，前置刀架与后置刀架的刀尖位置号是一样的。　（　　）

三、选择题

1. 在刀具补偿平面内，沿刀具前进方向观察，刀具偏在工件轮廓左边的指令是_____。

　　A. G40　　　　　　B. G41　　　　　　C. G42　　　　　　D. G43

2. 在刀具补偿平面内，沿刀具前进方向观察，刀具偏在工件轮廓右边的指令是_____。

　　A. G40　　　　　　B. G41　　　　　　C. G42　　　　　　D. G43

3. 在刀具补偿平面内，刀具中心轨迹和编程轨迹重合的指令是_____。

　　A. G40　　　　　　B. G41　　　　　　C. G42　　　　　　D. G43

4. 与刀尖圆弧半径补偿指令建立与取消同时使用的指令是_____。

　　A. G00/G01　　　B. G02/G03　　　C. G04　　　　　　D. G90

5. 刀尖圆弧半径补偿指令 G00 G41 X _ Z _；中，"X""Z"的坐标是指_____。

　　A. 机床原点　　　　　　　　　　B. 工件原点

　　C. 刀具移动起始点　　　　　　　D. 刀具移动目标点

6. 刀尖圆弧半径补偿指令 G01 G42 X _ Z _；中，"X""Z"的坐标是指_____。

　　A. 机床原点　　　　　　　　　　B. 工件原点

　　C. 刀具移动起始点　　　　　　　D. 刀具移动目标点

7. 在数控车床上车内圆锥面，刀尖位置号是_____。

　　A. 1　　　　　　B. 2　　　　　　C. 3　　　　　　D. 5

8. 在数控车床上车外圆锥面，刀尖位置号是_____。

　　A. 1　　　　　　B. 2　　　　　　C. 3　　　　　　D. 5

9. 在数控车床上使用刀尖圆弧半径补偿指令时，必须同时有效的指令是_____。

　　A. G17　　　　　　B. G18　　　　　　C. G19　　　　　　D. G20

10. 在数控车床上建立刀尖圆弧半径补偿指令必须在_____。

    A. 轮廓加工前   B. 轮廓加工后

    C. 轮廓加工中   D. 轮廓加工前或加工后

11. 在数控车床上取消刀尖圆弧半径补偿指令必须在_____。

    A. 轮廓加工前   B. 轮廓加工后

    C. 轮廓加工中   D. 轮廓加工前或加工后

12. 在数控车床上若前置刀架采用刀尖圆弧半径左补偿指令，则后置刀架采用_____。

    A. 刀尖圆弧半径左补偿指令   B. 刀尖圆弧半径右补偿指令

    C. 左补偿或右补偿   D. 无补偿

四、简答题

1. 什么是刀尖圆弧半径左补偿？什么是刀尖圆弧半径右补偿？其指令代码分别是什么？

2. 内圆锥面圆锥角常用哪些量具测量？

3. 什么情况下要使用刀尖圆弧半径补偿指令？

4. 如何建立和取消刀尖圆弧半径补偿指令？

五、编程训练题

编写图 3-3 所示内锥孔零件的数控加工程序，填写表 3-5 和表 3-6，并进行加工训练。材料为 45 钢，毛坯为 ϕ60mm×60mm 棒料。

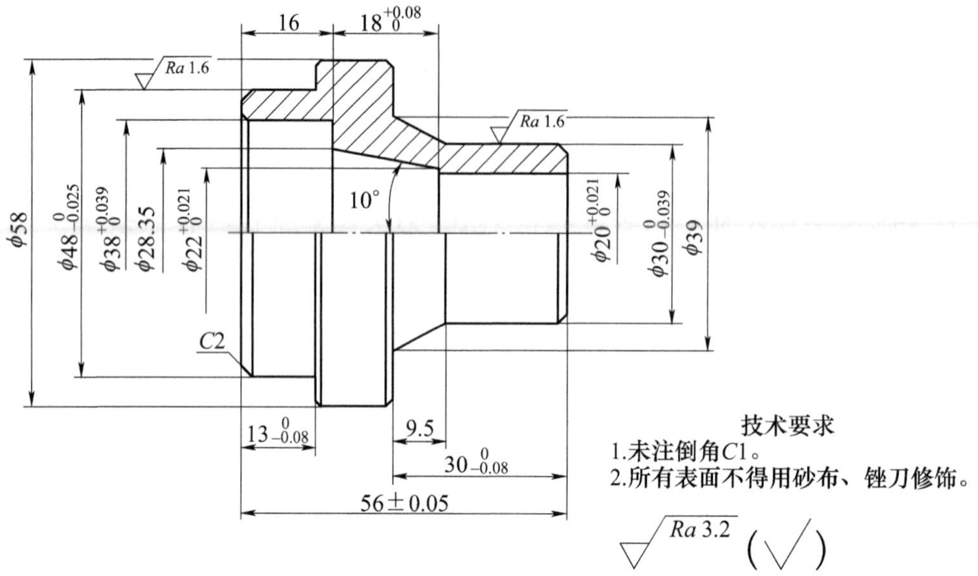

图 3-3　内锥孔零件

表 3-5　零件左端轮廓的数控加工程序

程序段号	程序内容（发那科系统）	程序内容（西门子系统）	备注

程序段号	程序内容 （发那科系统）	程序内容 （西门子系统）	备注

表 3-6 零件右端轮廓的数控加工程序

程序段号	程序内容 （发那科系统）	程序内容 （西门子系统）	备注

*任务四 非标缸套的加工

一、填空题

1. 内孔槽主要用于磨内表面的_____槽、车内螺纹时的_____槽及密封和润滑槽等。

2. 车内沟槽后，内槽车刀需先沿-X方向退出内槽表面，再沿_____方向退出工件，最后再返回至换刀点。

3. 宽度较窄的内槽采用_____进刀方式切削，宽度较宽及精度较高的槽则采用多次____向进给粗车，再沿槽侧及槽底精车。

4. 梯形内沟槽可采用内直槽刀分____次进给加工完成。

5. 尺寸较小的圆弧形内沟槽或梯形内沟槽可用_____刀采用直进法一次车出。

6. 当内沟槽尺寸较大时，发那科系统可调用_____循环指令来切削。（F）

7. 当内沟槽尺寸较大时，西门子系统可调用_____循环指令来切削。（S）

8. 套类工件壁厚较薄、刚性较差，加工过程中因受到_____、_____和切削热等因素影响易产生变形。

9. 加工套类工件时为防止变形，需将_____分开进行，以减小切削力和切削热的影响。

10. 为减小夹紧力引起的变形，装夹套类工件时应尽可能采用____向力夹具或使用弹性套夹具。

11. 使用弹性套夹具可使径向夹紧力沿_____，从而减小夹紧力对工件变形的影响。

12. 为减小热处理引起的套类工件变形，可以适当增大精加工_____。

13. 测量内沟槽宽度的量具有_____和_____等。

14. 测量内沟槽位置尺寸常采用的量具有_____和_____等。

15. 编程与对刀时，内槽车刀常采用_____作为刀位点。

二、判断题

1. 外槽车刀可以用来车内沟槽。 （　　）

2. 在数控车床上车内沟槽常采用可转位内槽车刀。 （　　）

3. 尺寸较大的梯形内沟槽也可以采用直进法一次进给加工完成。 （　　）

4. 内槽车刀的强度较低，加工时切削用量需选择较小值。 （　　）

5. 车内沟槽时进给速度可选择较大值。 （　　）

6. 内沟槽不能用车槽复合循环指令编程加工。 （　　）

7. 套类工件壁较薄、刚性好，不容易发生变形。 （　　）

8. 为解决套类工件加工中易变形的问题，应将粗、精加工分开进行。 （　　）

9. 夹紧力也是引起套类工件变形的主要原因之一。 （　　）

10. 内槽车刀安装时应保证刀头垂直于工件轴线，以防止刀头折断。 （　　）

11. 内槽车刀 X 方向对刀时也是通过试车外圆后测外圆直径的方式进行的。 （　　）

12. 内槽车刀安装时可适当略高于工件回转中心。 （　　）

三、选择题

1. 加工_____内沟槽时，内槽车刀刀头宽度等于槽宽。

    A. 窄直　　　　　　　　　　　　B. 尺寸较小的梯形

    C. 宽直　　　　　　　　　　　　D. 尺寸较大的梯形

2. 采用可转位内槽车刀，主轴转速范围为_____。

    A. 100～200r/min　　　　　　　　B. 300～400r/min

    C. 100～200r/s　　　　　　　　　D. 300～400r/s

3. 加工内沟槽，修光槽底的指令是_____。

    A. G01　　　　　B. G02　　　　　C. G03　　　　　D. G04

4. 发那科系统加工内沟槽的循环指令是_____。（F）

    A. G70　　　　　B. G71　　　　　C. G74　　　　　D. G75

5. 西门子系统加工内沟槽的循环指令是_____。（S）

    A. CYCLE83　　　B. CYCLE93（0）C. CYCLE95（2）D. CYCLE97

6. 加工套类工件，因壁厚较薄、刚性差，加工中容易产生_____。

    A. 速度快　　　　B. 温度低　　　　C. 变形　　　　D. 刀具磨损快

7. 加工套类工件，为减小切削力和切削热的影响，应_____。

    A. 增大精加工余量　　　　　　　B. 使用轴向力夹具

    C. 粗、精加工分开进行　　　　　D. 使用弹性套夹具

8. 加工套类工件，为减小夹紧力引起的加工变形，应_____。

    A. 粗加工前热处理　　　　　　　B. 使用径向力夹具

    C. 增大粗加工余量　　　　　　　D. 使用弹性套夹具

9. 加工套类工件，为减小热处理引起的变形，应_____。

    A. 将粗、精加工分开进行　　　　B. 将热处理安排在粗、精加工之间

    C. 适当减少精加工余量　　　　　D. 使用弹性套夹具

10. 测量内沟槽直径的量具是_____。

    A. 内沟槽游标卡尺　　　　　　　B. 游标深度卡尺

C. 内沟槽宽度卡尺   D. 钢直尺

四、简答题

1. 加工套类工件时，如何减小加工变形？

2. 测量内沟槽直径的量具有哪些？各有何特点？

3. 测量内沟槽宽度的量具有哪些？各有何特点？

五、编程训练题

编写图 3-4 所示内槽零件的数控加工程序，并填写表 3-7 和表 3-8。材料为 45 钢，毛坯尺寸为 $\phi62mm\times50mm$。

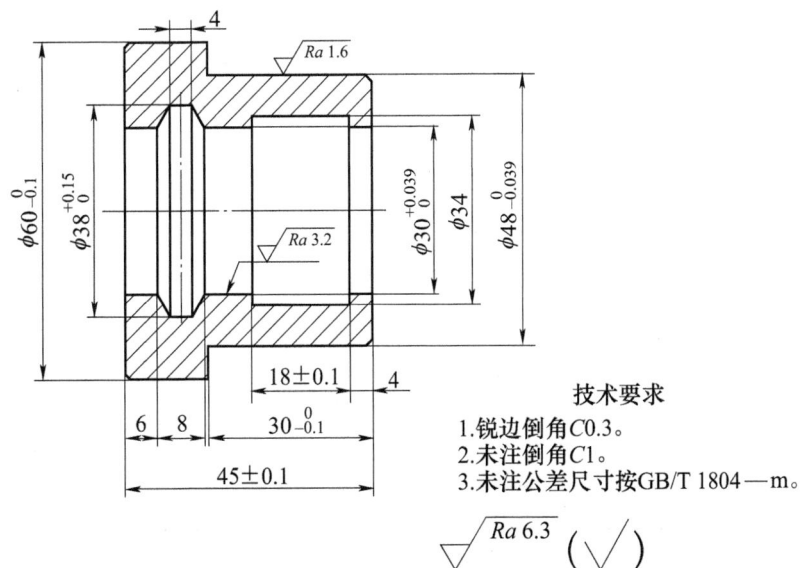

图 3-4　内槽零件

表 3-7　粗、精车 $\phi60_{-0.1}^{0}$ mm 外圆的数控加工程序

程序段号	程序内容 （发那科系统）	程序内容 （西门子系统）	备注

表 3-8　粗、精车右端内、外轮廓的数控加工程序

程序段号	程序内容 （发那科系统）	程序内容 （西门子系统）	备注

程序段号	程序内容 （发那科系统）	程序内容 （西门子系统）	备注

（续）

程序段号	程序内容 （发那科系统）	程序内容 （西门子系统）	备注

项目三测试训练

一、填空题（每空 1 分，共 30 分）

1. 通孔车刀主偏角一般应小于_____。

2. 内孔车刀刀杆尺寸太小，刚性差，易_____；刀杆尺寸太大，刀杆会和内孔表面发生_____，一般选择不发生_____的最大刀杆尺寸。

3. 为保证麻花钻的定位，钻孔前需先钻_____。

4. 塞规标记有"T"符号的为_____端，标记有"Z"符号的为_____端。

5. G17 指令是指选择_____平面，G18 指令是指选择_____平面。

6. 数控车床常指定_____平面，指令是_____。

7. 套类工件以内孔表面定位时，常用的夹具有_____、_____、_____和胀力心轴等。

8. 保证套类工件内、外圆间相互位置精度的定位原则有_____原则和_____原则。

9. 在数控车床上一次装夹工件后，同时车内、外圆表面以获得较高位置精度的方法，适用于尺寸_____的套类工件。

10. 套类工件若先终加工内孔，再以内孔为定位基准终加工外圆表面，此时采用的夹具是各种_____。

11. 套类工件若先终加工外圆面，再以外圆面为定位基准终加工内孔表面，此时采用的夹具是各种定心精度较高的_____。

12. 粗车内圆锥孔时，因大、小端加工余量_____，需沿圆锥面分层粗车。

13. 测量内圆锥孔角度的量具有_____、_____和_____等。

14. 编程和对刀是以刀尖作为刀位点进行的，若刀尖存在刀尖圆弧，在车削圆锥面时会产生欠切削或_____现象。

15. 在数控车床上使用刀尖圆弧半径补偿指令时，应选择_____平面，指令代码是_____。

16. 车内孔时刀尖位置号为_____号。

17. 自右至左车外圆锥时，采用刀尖圆弧半径补偿指令，其代码是_____。

18. 自右至左车内锥孔时，采用刀尖圆弧半径补偿指令，其代码是_____。

19. 加工套类工件时为防止_____，需将粗、精加工分开进行，以减小切削力和切削热的影响。

二、判断题（每题1分，共18分）

1. 数控车床常采用可转位内孔车刀。 （　　）

2. 钻中心孔时，主轴转速一般选择为300r/min左右。 （　　）

3. 用麻花钻钻孔时，主轴转速一般选择为1000r/min左右。 （　　）

4. 车内圆柱面，车刀刀尖可略高于工件回转中心。 （　　）

5. 一般经济型数控车床都是采用手动钻中心孔和钻孔的。 （　　）

6. 高档数控车床采用钻孔循环指令进行钻孔时，G18指令必须有效。 （　　）

7. 通孔车刀也可以用来车削不通孔或阶梯孔。 （　　）

8. 圆柱心轴装夹方便，但定心精度较低。 （　　）

9. 小锥度心轴定心精度高，但不能承受较大的轴向力。 （　　）

10. 圆锥心轴定心精度高，应用广泛。 （　　）

11. 倒角指令只能使用在直线与圆弧插补之间。 （　　）

12. 车孔前，最好应手动测试一下，看看刀杆与工件之间是否会发生干涉。 （　　）

13. 车内圆锥面也可以通过调用轮廓切削循环进行切削加工。 （　　）

14. 车圆柱孔表面，刀尖圆弧半径也会影响工件尺寸和形状精度。 （　　）

15. 自右至左车外圆锥轮廓应选用刀尖圆弧半径左补偿。 （　　）

16. 使用刀尖圆弧半径补偿指令后，还需要在机床相应参数中输入刀尖圆弧半径值及刀尖位置号。 （　　）

17. 车内圆锥面时，可以让车刀刀尖略高于工件回转中心。 （　　）

18. 套类工件壁较薄，刚性好，不容易发生变形。 （　　）

三、选择题（每题1分，共20分）

1. 将孔径扩大的孔的加工方法是_____。

    A. 钻孔   B. 扩孔   C. 车孔   D. 铰孔

2. 加工 $\phi 40_{-0.021}^{0}$ mm 小批量孔，表面粗糙度值为 $Ra3.2\mu m$，采用的加工工艺为_____。

    A. 钻中心孔→钻孔→铰孔   B. 钻中心孔→钻孔→扩孔

    C. 钻孔→扩孔→磨孔   D. 钻中心孔→钻孔→车孔

3. 同等情况下，车内孔面和车外圆面相比，切削用量_____。

    A. 小   B. 大   C. 相等   D. 精加工时小

4. 在普通数控车床上钻 $\phi 30$mm 孔，较适宜的转速是_____。

    A. 100r/min   B. 400r/min   C. 800r/min   D. 1000r/min

5. 用硬质合金车刀精车45钢内孔，表面粗糙度值最小能达到 Ra_____。

A. 0.4μm   B. 1.6μm   C. 6.3μm   D. 12.5μm

6. 在数控车床上加工阶梯孔时，车刀主偏角应_____。

　　A. <90°　　　　　　　B. ≥60°　　　　　　　C. ≥90°　　　　　　　D. ≤60°

7. 加工平底孔时，为保证将孔底车平，车刀刀尖至刀背的距离（a）与内孔半径（R）的关系是_____。

　　A. a<R　　　　　　　B. a>R　　　　　　　C. a=R　　　　　　　D. 无要求

8. 在数控车床上加工套类工件，精度较高、应用广泛的心轴是_____。

　　A. 圆柱心轴　　　　　B. 小锥度心轴　　　　C. 圆锥心轴　　　　　D. 胀力心轴

9. 采用互为基准原则加工套类工件，一般先终加工的表面是_____。

　　A. 外圆　　　　　　　B. 内孔　　　　　　　C. 外圆或内孔　　　　D. 端面

10. 以下测量阶梯孔深度的量具是_____。

　　A. 内径百分表　　　　B. 内径千分尺　　　　C. 外径千分尺　　　　D. 深度千分尺

11. 在补偿平面内，沿刀具前进方向看，刀具偏在工件轮廓左边的指令是_____。

　　A. G40　　　　　　　B. G41　　　　　　　C. G42　　　　　　　D. G43

12. 在补偿平面内，刀具中心轨迹和编程轨迹重合的指令是_____。

　　A. G40　　　　　　　B. G41　　　　　　　C. G42　　　　　　　D. G43

13. 与刀尖圆弧半径补偿指令建立与取消同时使用的指令是_____。

　　A. G00/G01　　　　　B. G02/G03　　　　　C. G04　　　　　　　D. G90

14. 刀尖圆弧半径补偿指令 G00 G41 X _ Z _；中，"X""Z"的坐标是指_____。

　　A. 机床原点　　　　　　　　　　　　　　B. 工件原点

　　C. 刀具移动起始点　　　　　　　　　　　D. 刀具移动目标点

15. 在数控车床上车内圆锥面，刀尖位置号是_____。

　　A. 1　　　　　　　　　B. 2　　　　　　　　C. 3　　　　　　　　D. 5

16. 在数控车床上车外圆锥面，刀尖位置号是_____。

　　A. 1　　　　　　　　　B. 2　　　　　　　　C. 3　　　　　　　　D. 5

17. 在数控车床上使用刀尖圆弧半径补偿指令时，必须有效的指令是_____。

　　A. G17　　　　　　　B. G18　　　　　　　C. G19　　　　　　　D. G20

18. 在数控车床上建立刀尖圆弧半径补偿指令必须在_____。

　　A. 轮廓加工前　　　　　　　　　　　　　B. 轮廓加工后

　　C. 轮廓加工中　　　　　　　　　　　　　D. 轮廓加工前或加工后

19. 在数控车床上若前置刀架采用刀尖圆弧半径左补偿，则后置刀架采用_____。

　　A. 刀尖圆弧半径左补偿　　　　　　　　　B. 刀尖圆弧半径右补偿

　　C. 左补偿或右补偿　　　　　　　　　　　D. 无补偿

20. 加工套类工件，为减小夹紧力引起的加工变形，应_____。

A. 将粗、精加工分开进行　　　　　B. 使用径向力夹具

C. 增大精加工余量　　　　　　　　D. 使用弹性套夹具

四、简答题（每题 4 分，共 12 分）

1. 在数控车床上加工孔有哪些方法？各用于什么场合？

2. 什么是基准统一原则？

3. 如何建立和取消刀尖圆弧半径补偿指令？

五、编程题（共 20 分）

编写图 3-5 所示锥套的数控加工程序，并填写表 3-9。材料为 45 钢，毛坯尺寸为 $\phi62mm×50mm$。

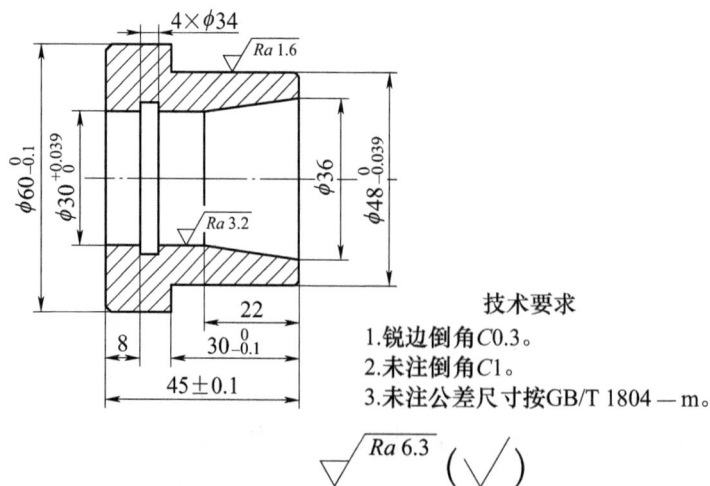

图 3-5　锥套零件图

表 3-9　锥套数控加工程序

程序段号	程序内容	程序段号	程序内容

项目四　成形面类零件加工

任务一　凹圆弧滚压轴的加工

一、填空题

1. 加工尺寸较小的圆弧形凹槽或半径较小的半圆槽，应选用_____车刀。

2. 用菱形车刀车凹圆弧容易产生_____刃干涉。

3. 用尖头车刀车凹圆弧面会发生_____干涉。

4. 粗车凹圆弧面路径有车_____、车_____、车_____和车_____。

5. 用二维 CAD 软件辅助查找编程点坐标时，工件原点应与_____原点重合。

6. 凹圆弧面的_____精度主要用半径样板测量。

7. G02、G03 是_____有效指令。

8. G02 指令的含义是_____，G03 指令的含义是_____。

9. 发那科系统 G02/G03 X _ Z _ R _ F _；指令格式中，"X""Z"指_____坐标，"R"后的数值指_____，F 指_____。（F）

10. 西门子系统 G02/G03 X _ Z _ CR = _ F _；指令格式中，"X""Z"指_____坐标，"CR"后的数值指_____，"F"指_____。（S）

11. 在数控车床上车外轮廓凸圆弧的指令是____，车外轮廓凹圆弧的指令是____。

12. 在数控车床上采用圆弧插补指令时，_____平面选择指令应有效。

13. _____车刀常取刀头圆弧圆心作为刀位点。

二、判断题

1. 成形面类零件是由曲线回转形成表面的零件。　　　　　　　　　　（　　）

2. 带阶梯的成形面宜用圆头车刀切削。　　　　　　　　　　　　　　（　　）

3. 用尖头车刀车凹圆弧面时不易产生主切削刃干涉。　　　　　　　　（　　）

4. 数控车床上的圆弧插补平面是 G18 平面。　　　　　　　　　　　（　　）

5. 粗车凹圆弧路径中，采用等径圆弧形式，走刀路径最短。　　　　　（　　）

6. 发那科系统可以用 G70 循环指令粗车凹圆弧余量。（F）　　　　　（　　）

7. 西门子 802D 系统可以用 CYCLE95（或 828D 系统 CYCLE952）循环指令粗车凹圆弧余量。（S）　　　　　　　　　　　　　　　　　　　　　　　（　　）

8. 大部分二维 CAD 软件都具有查询点的坐标的功能。 （　　）

9. 在数控车床上，顺时针圆弧插补用 G03 指令，逆时针圆弧插补用 G02 指令。（　　）

10. 圆弧插补指令格式中，"X""Z"是指圆弧起点坐标。 （　　）

11. 在数控车床上不论是车凹圆弧还是车凸圆弧，都是用 G02 指令。 （　　）

12. G02、G03 指令是模态有效指令，一经使用持续有效，直至被同组 G 代码取代为止。
（　　）

13. 在一个程序段中不能同时使用 G02、G03 指令。 （　　）

14. 圆弧插补指令格式中无须指定进给速度。 （　　）

15. 在发那科系统数控车床上使用 G02/G03 X _ Z _ R _ F _；指令，"R"值可以忽略不写。（F） （　　）

16. 发那科系统圆弧插补指令 G02/G03 X _ Z _ R _ F _；中，"R"值不能为零。（F）
（　　）

17. 在西门子系统数控车床上使用 G02/G03 X _ Z _ CR = _ F _；指令，"CR"值一般不为负值。（S） （　　）

18. 西门子系统圆弧插补指令 G02/G03 X _ Z _ CR = _ F _；中，"CR"值不能为零。（S）
（　　）

三、选择题

1. 车带阶梯的成形面应选用_____。
   A. 圆头车刀　　　　　B. 菱形车刀　　　　　C. 尖头车刀　　　　　D. 内孔车刀

2. 车半径较小的半圆槽，应选用_____。
   A. 圆头车刀　　　　　B. 菱形车刀　　　　　C. 尖头车刀　　　　　D. 内孔车刀

3. 车内、外圆弧面，车刀刀尖_____工件回转中心。
   A. 等高于　　　　　　B. 略低于　　　　　　C. 略高于　　　　　　D. 高于或低于

4. 编程坐标计算简单、切削路径短、余量均匀的车凹圆弧形式是车_____。
   A. 等径圆　　　　　　B. 同心圆　　　　　　C. 梯形　　　　　　　D. 三角形

5. 切削力分布最合理的车凹圆弧形式是车_____。
   A. 等径圆　　　　　　B. 同心圆　　　　　　C. 梯形　　　　　　　D. 三角形

6. 数控车床上的圆弧插补平面指令是_____。
   A. G17　　　　　　　B. G18　　　　　　　C. G19　　　　　　　D. G20

7. 车某一段圆弧，前置刀架用 G02 指令，后置刀架用_____指令。
   A. G01　　　　　　　B. G02　　　　　　　C. G03　　　　　　　D. G02 或 G03

8. 发那科系统圆弧插补指令格式 G02 X _ Z _ R _ F _；中，"X""Z"表示的坐标点是_____。（F）
   A. 圆弧起点　　　　　B. 圆弧圆心　　　　　C. 圆弧终点　　　　　D. 机床参考点

9. 发那科系统数控车床圆弧插补指令格式 G02 X _ Z _ R _ F _；中，"R"的值一般为_____。（F）

　　A. 0　　　　　　　　B. 负值　　　　　　　C. 180　　　　　　　D. 正值

10. 西门子系统数控车床圆弧插补指令格式 G03 X _ Z _ CR = _ F _；中，"CR"的值一般为_____。（S）

　　A. 0　　　　　　　　B. 负值　　　　　　　C. 180　　　　　　　D. 正值

11. 西门子系统圆弧插补指令格式 G02 X _ Z _ CR = _ F _；中，"X""Z"表示的坐标点是_____。（S）

　　A. 圆弧起点　　　　B. 圆弧终点　　　　C. 圆弧圆心　　　　D. 机床参考点

12. 车外轮廓表面上凹圆弧面的指令是_____。

　　A. G01　　　　　　　B. G02　　　　　　　C. G03　　　　　　　D. G02 或 G03

13. 顺时针圆弧插补指令是_____。

　　A. G01　　　　　　　B. G02　　　　　　　C. G03　　　　　　　D. G04

14. 逆时针圆弧插补指令是_____。

　　A. G01　　　　　　　B. G02　　　　　　　C. G03　　　　　　　D. G04

15. 使用菱形车刀车成形面时，若车刀刀尖高于工件回转中心，则_____。

　　A. 不会产生误差　　　　　　　　B. 会产生表面粗糙度误差

　　C. 会产生尺寸误差　　　　　　　D. 会产生形状误差

四、简答题

1. 什么是顺时针圆弧插补？其指令代码是什么？

2. 什么是逆时针圆弧插补？其指令代码是什么？

3. 在数控车床上粗车凹圆弧面的车削路径有哪些？各有何特点？

4. 在 CAXA 电子图版软件中，如何查找编程点坐标?

五、编程题

编写图 4-1 所示凹圆弧零件的数控加工程序，填写表 4-1，并进行加工训练。材料为 45 钢，毛坯为 $\phi 30mm$ 棒料。

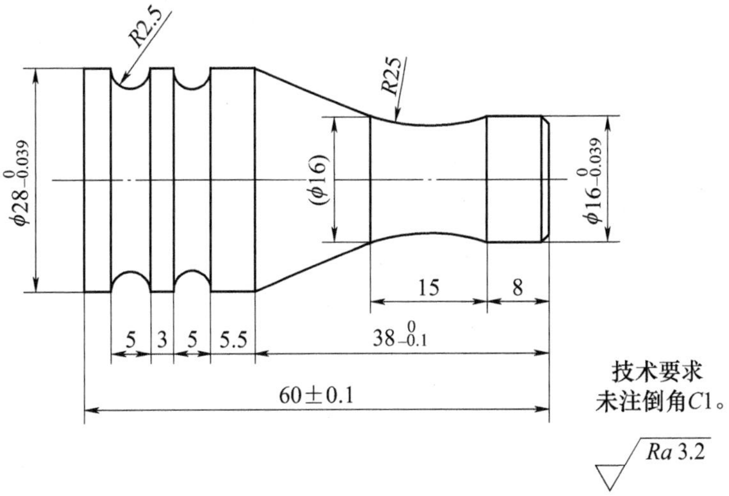

图 4-1 凹圆弧零件

表 4-1 凹圆弧零件数控加工程序

程序段号	程序内容（发那科系统）	程序内容（西门子系统）	备注

（续）

程序段号	程序内容（发那科系统）	程序内容（西门子系统）	备注

（续）

任务二　球头拉杆的加工

一、填空题

1. 车凸圆弧面采用菱形车刀容易发生_____刃干涉。

2. 车凸圆弧面采用尖头车刀容易发生_____刃干涉。

3. 车带阶梯的凸圆弧面，车刀主偏角应_____。

4. 粗车凸圆弧面的车削方法有_____、_____。

5. 车削圆心角大于90°的圆弧面，常采用的粗车方法是_____。

6. 车削圆心角小于90°且不跨象限的凸圆弧面，常采用的粗车方法是_____。

7. 凸圆弧面的形状精度一般采用_____测量。

8. G18 G02/G03 X _ Z _ I _ K _；指令中，"I"的含义是_____。

9. 车凸圆弧面零件，刀尖圆弧半径____影响零件形状与尺寸精度（选填"会"或"不会"）。

10. 发那科系统 G73 粗车循环指令中，Δi 的含义是_____，Δk 的含义是_____，d 的含义是_____。（F）

11. 车零件外轮廓上的凸圆弧面时，使用_____指令（选填"G02"或"G03"）。

12. 车成形面零件时，为消除刀尖圆弧半径的影响，需要使用_____指令。

二、判断题

1. 用尖头车刀车凸圆弧面，一般不易产生主切削刃干涉。　　　　　　　（　　）

2. 菱形车刀常用于车带阶梯的凹凸圆弧面。　　　　　　　　　　　　　（　　）

3. 尺寸较大的凸圆弧面也可以用成形车刀一次进给加工完成。　　　　　（　　）

4. 车锥法适用于圆心角大于90°的凸圆弧。　　　　　　　　　　　　　（　　）

5. 车锥法粗车凸圆弧面时，刀具路径不能超过与圆弧相切的那条临界线。（　　）

6. 发那科系统 G73 指令可以车削跨象限的工件外表面上的凸圆弧面。（F）（　　）

7. 发那科系统 G71 指令可以车削跨象限的工件外表面上的凸圆弧面。（F）（　　）

8. 发那科系统可以用"终点坐标+圆心坐标"的圆弧插补指令加工凸圆弧面。（F）
　　　　　　　　　　　　　　　　　　　　　　　　　　　　　　　（　　）

9. 西门子 802D 系统不能调用轮廓循环 CYCLE95（或 828D 系统 CYCLE952）指令粗车凸圆弧面余量。（S）
　　　　　　　　　　　　　　　　　　　　　　　　　　　　　　　（　　）

10. 西门子系统不可以用"终点坐标+圆心坐标"的圆弧插补指令加工凸圆弧面。（S）
　　　　　　　　　　　　　　　　　　　　　　　　　　　　　　　（　　）

11. 车成形面工件若不使用 G41、G42 指令，则易产生形状误差。　　　（　　）

12. 车成形面工件，刀尖圆弧半径不会影响零件表面的形状和精度。 （ ）

13. 车成形面工件，安装车刀时应使刀尖严格与工件回转中心等高，否则会产生形状误差。 （ ）

14. 圆弧插补"终点坐标+圆心坐标"指令格式中的"I""K"有正负之分。 （ ）

15. 圆弧插补"终点坐标+圆心坐标"指令格式中的"X""Z"是指圆弧圆心坐标。 （ ）

16. 车外轮廓上的凸圆弧面时，G18 指令必须有效。 （ ）

三、选择题

1. 粗车圆心角小于 90°且不跨象限的凸圆弧面，常采用的方法是_____。
   A. 车球法　　　　B. 车锥法　　　　C. 车三角形法　　　　D. 车梯形法

2. 粗车圆心角大于 90°的凸圆弧面，常采用的方法是_____。
   A. 车球法　　　　B. 车锥法　　　　C. 车三角形法　　　　D. 车梯形法

3. 粗车成形面，进给量一般选取_____。
   A. 0.01~0.05mm/r 　　　　B. 0.08~0.15mm/r
   C. 0.2~0.4mm/r 　　　　D. 0.4~0.8mm/r

4. 用可转位车刀精车成形面，主轴转速一般取_____。
   A. 100~200r/min 　　　　B. 300~400r/min
   C. 500~600r/min 　　　　D. 800~1200r/min

5. 车外轮廓面上凸圆弧的指令是_____。
   A. G01　　　　B. G02　　　　C. G03　　　　D. G02 或 G03

6. 在数控车床上，圆弧插补指令格式 G02 X_Z_I_K_; 中，"K"为圆弧圆心相对于圆弧起点的_____。
   A. X 方向增量　　　　B. Z 方向增量
   C. X 方向增量的 2 倍　　　　D. Z 方向增量的 2 倍

7. 在数控车床上，圆弧插补指令格式 G02 X_Z_I_K_; 中，"I"为圆弧圆心相对于圆弧起点的_____。
   A. X 方向增量　　　　B. Z 方向增量
   C. Y 方向增量的 2 倍　　　　D. Z 方向增量的 2 倍

8. 发那科系统，刀具起点在（0，0），执行指令 G03 X40 Z-20 R20 F0.2; 加工圆弧，若用"终点坐标+圆心坐标"表示，则"I"值为_____。（F）
   A. 0　　　　B. 40　　　　C. -20　　　　D. 20

9. 发那科系统，刀具起点在（0，0），执行指令 G03 X40 Z-20 R20 F0.2; 加工圆弧，若用"终点坐标+圆心坐标"表示，则"K"值为_____。（F）
   A. 0　　　　B. 40　　　　C. -20　　　　D. 20

10. 发那科系统，刀具起点在（0，0），执行指令 G03 X50 Z-40 R40 F0.2；加工圆弧，若用"终点坐标+圆心坐标"表示，则"I"值为_____。（F）

    A. 不能确定   B.0   C. 正   D. 负

11. 发那科系统，刀具起点在（0，0），执行指令 G03 X50 Z-40 R40 F0.2；加工圆弧，若用"终点坐标+圆心坐标"表示，则"K"值为_____。（F）

    A.0   B. 正   C. 负   D. 不能确定

12. 西门子系统，刀具起点在（0，0），执行指令 G03 X30 Z-15 CR=15 F0.2；加工圆弧，若用"终点坐标+圆心坐标"表示，则"I"值为_____。（S）

    A. -15   B.0   C.15   D. 30

13. 西门子系统，刀具起点在（0，0），执行指令 G03 X30 Z-15 CR=15 F0.2；加工圆弧，若用"终点坐标+圆心坐标"表示，则"K"值为_____。（S）

    A. -15   B.0   C.15   D. 30

14. 西门子系统，刀具起点在（0，0），执行指令 G03 X40 Z-30 CR=30 F0.2；加工圆弧，若用"终点坐标+圆心坐标"表示，则"I"值为_____。（S）

    A.0   B. 正   C. 负   D. 不能确定

15. 西门子系统，刀具起点在（0，0），执行指令 G03 X70 Z-30 CR=30 F0.2；加工圆弧，若用"终点坐标+圆心坐标"表示，则"K"值为_____。（S）

    A.0   B. 正   C. 负   D. 不能确定

四、简答题

1. 什么是车锥法粗车凸圆弧面？适用于哪些场合？

2. 什么是车球法粗车凸圆弧面？适用于哪些场合？

3. 发那科系统 G73 循环指令与 G71 循环指令有何不同？（F）

4. 车成形面时，刀尖圆弧半径会不会对零件形状精度产生影响？为什么？

五、编程题

编写图 4-2 所示球头手柄的数控加工程序，填写表 4-2 和表 4-3，并进行加工训练。材料为 45 钢，毛坯尺寸为 ϕ60mm×75mm。

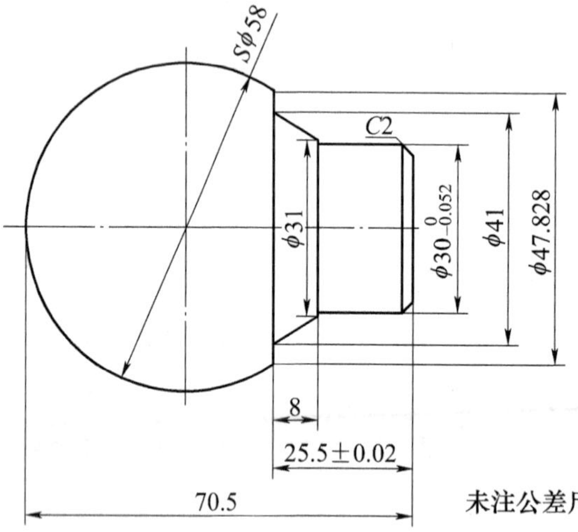

技术要求
未注公差尺寸按GB/T 1804 — m。

图 4-2 球头手柄

表 4-2 粗、精车球头手柄右端轮廓的数控加工程序

程序段号	程序内容（发那科系统）	程序内容（西门子系统）	备注

（续）

程序段号	程序内容（发那科系统）	程序内容（西门子系统）	备注

表 4-3　粗、精加工球头手柄左端轮廓的数控加工程序

程序段号	程序内容（发那科系统）	程序内容（西门子系统）	备注

任务三　球面管接头的加工

一、填空题

1. 车内轮廓圆弧面，车刀易发生＿＿＿＿＿＿刃干涉。

2. 车内轮廓上凸圆弧面的指令是＿＿＿＿，车内轮廓上凹圆弧面的指令是＿＿＿＿＿＿。

3. 粗车内圆弧面余量常采用＿＿＿＿＿＿＿和＿＿＿＿＿＿＿加工。

4. 内轮廓圆弧面的形状精度一般采用＿＿＿＿＿＿＿＿＿＿测量。

5. 当内轮廓圆弧面尺寸较小，成为内圆弧槽时，可选用＿＿＿＿＿＿＿＿＿车刀加工。

6. 发那科系统圆弧过渡（倒圆）指令的格式是＿＿＿＿＿＿＿＿＿＿＿＿＿＿＿＿。（F）

7. 发那科系统指令格式 G01 X ＿ Z ＿ F ＿，R ＿；中，"X""Z"指＿＿＿＿＿＿＿＿点坐标，"R"指＿＿＿＿＿＿＿，"F"指＿＿＿＿＿＿＿。（F）

8. 西门子系统圆弧过渡（倒圆）指令的格式是＿＿＿＿＿＿＿＿＿＿＿＿＿＿＿＿。（S）

9. 西门子系统指令格式 G01 X ＿ Z ＿ RND = ＿ F ＿；中，"X""Z"指＿＿＿＿＿＿＿＿点坐标，"RND"后的数值是＿＿＿＿＿＿＿，"F"的含义是＿＿＿＿＿＿＿＿＿。（S）

10. 安装内圆弧面精车刀时应使刀尖严格与＿＿＿＿＿＿＿＿＿等高。

二、判断题

1. 加工内成形面车刀的主偏角应足够大，以防止干涉。　　　　　　　　　　　（　　）

2. 车内轮廓圆弧面时，一般不会发生主、副切削刃干涉现象。　　　　　　　　（　　）

3. 车内轮廓圆弧面时，刀尖圆弧半径不会影响表面的形状和尺寸精度。　　　　（　　）

4. 圆弧过渡指令可以用于圆弧与直线间的圆弧过渡。　　　　　　　　　　　　（　　）

5. 圆弧过渡指令只能用于直线与直线间的圆弧过渡。　　　　　　　　　　　　（　　）

6. 发那科系统 G73 循环指令不能用来粗车带圆弧面的内轮廓表面。（F）　　（　　）

7. 发那科系统 G71 循环指令一般不能用来粗车径向尺寸不呈单向递增或递减的内轮廓表面。（F）　　　　　　　　　　　　　　　　　　　　　　　　　　　　（　　）

8. 发那科系统圆弧过渡指令格式中的"，R"可以省略不写。　　　　　　　　（　　）

9. 西门子系统 CYCLE95（2）循环不能用来粗车带圆弧的内轮廓表面。（S）（　　）

10. 西门子系统 CYCLE95（2）循环可以用来粗车径向尺寸不呈单向递增或递减的内轮廓表面。（S）　　　　　　　　　　　　　　　　　　　　　　　　　　　（　　）

11. 西门子系统圆弧过渡指令格式中的"RND ="可以省略不写。　　　　　（　　）

12. 车内成形面可以用车球法或车锥法去除余量。　　　　　　　　　　　　　（　　）

13. 精车内圆弧面时，车刀刀尖可略高于工件回转中心。　　　　　　　　　　（　　）

14. 精车内轮廓圆弧面，车刀刀尖若高于或低于工件回转中心，将会产生形状误差。

（　　）

15. 加工精度要较高的内圆弧面，需要使用刀尖圆弧半径补偿指令。　（　　）

三、选择题

1. 车无预制孔的内圆弧面，车刀主偏角应＿＿＿＿＿＿＿。

A. >90°　　　　B. <90°　　　　C. >0°　　　　D. <0°

2. 发那科系统指令格式 G01 X _ Z _ F _，R _；中，"Z""X" 坐标点是＿＿＿＿＿＿＿。（F）

A. 起点　　　　B. 终点　　　　C. 拐点　　　　D. 临界点

3. 发那科系统指令格式 G01 X _ Z _ F _，R _；中，"R" 后是＿＿＿＿＿＿＿。（F）

A. 倒角值　　　　　　　　　B. 拐点到起点的距离

C. 拐点到终点的距离　　　　D. 拐角半径

4. 发那科系统指令 G01 X _ Z _ F _，R _；只能用于＿＿＿＿＿＿＿。（F）

A. 圆弧与直线间圆弧过渡　　　B. 直线与直线间圆弧过渡

C. 圆弧与圆弧间圆弧过渡　　　D. 直线与圆弧间直线过渡

5. 发那科系统常用来粗车内轮廓成形面余量的循环指令是＿＿＿＿＿＿。（F）

A. G70　　　　B. G71　　　　C. G72　　　　D. G73

6. 西门子系统指令格式 G01 X _ Z _ F _ RND = _；中，"Z""X" 是指＿＿＿＿＿＿＿的坐标。（S）

A. 起点　　　　B. 终点　　　　C. 拐点　　　　D. 临界点

7. 西门子系统指令格式 G01 X _ Z _ F _ RND = _；中，"RND" 后是＿＿＿＿＿＿。（S）

A. 倒角值　　　　　　　　　B. 拐点到起点的距离

C. 拐点到终点的距离　　　　D. 拐角半径

8. 西门子系统指令 G01 X _ Z _ F _ RND = _；只能用于＿＿＿＿＿＿＿。（S）

A. 直线与圆弧间圆弧过渡　　　B. 圆弧与直线间圆弧过渡

C. 直线与直线间直线过渡　　　D. 圆弧与圆弧间圆弧过渡

9. 西门子系统可以用来粗车内轮廓成形面余量的循环指令是＿＿＿＿＿＿＿。（S）

A. CYCLE93（0）　　　　　　B. CYCLE94（0）

C. CYCLE95（2）　　　　　　D. CYCLE97（或 CYCLE99）

10. 精车内圆弧面时，为消除刀尖圆弧半径对圆弧形状和精度的影响，应使用的刀尖圆弧半径补偿指令是＿＿＿＿＿＿＿＿。

A. G40　　　　B. G41　　　　C. G42　　　　D. G43

四、简答题

1. 在数控车床上，内轮廓圆弧面粗车余量如何去除？

2. 发那科系统倒角指令和倒圆指令的格式有何异同？（F）

3. 西门子系统倒角指令和倒圆指令的格式有何异同？（S）

五、编程训练题

编写图 4-3 所示内圆弧面零件的数控加工程序，并填写表 4-4。材料为 45 钢，毛坯为 $\phi52\text{mm}$ 棒料。

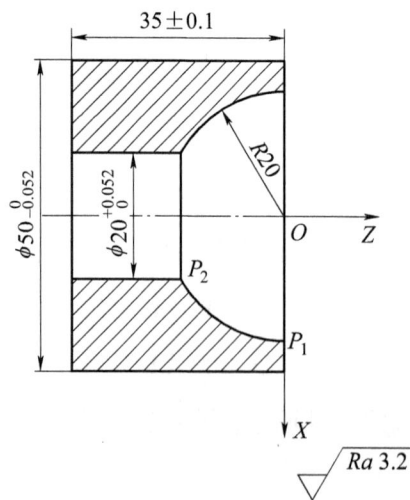

图 4-3 内圆弧面零件

表 4-4　内圆弧面零件数控加工程序

程序段号	程序内容（发那科系统）	程序内容（西门子系统）	备注

项目四测试训练

一、填空题（每空 1.5 分，共 30 分）

1. 用尖头车刀车凹圆弧面_____发生主、副切削刃干涉（选填"会"或"不会"）。
2. 粗车凹圆弧面路径有车_____、车_____、车_____和车_____等。
3. 用二维 CAD 软件辅助查找编程点坐标时，_____与 CAD 软件原点应重合。
4. G02、G03 均是_____有效指令。
5. G02 指令的含义是_____，G03 指令的含义是_____。
6. 在数控车床上车外轮廓凸圆弧面的指令是____，车外轮廓凹圆弧面的指令是____。
7. 在数控车床上采用圆弧插补指令时，_____平面选择指令应有效。
8. 圆头车刀常取刀头的_____作为刀位点。
9. 车带阶梯的凸圆弧面，车刀主偏角应_____。
10. 粗车凸圆弧面余量的车削方法有_____、_____。
11. 圆弧面的形状精度一般采用_____测量。
12. 车内轮廓上的凸圆弧面时使用_____指令（选填"G02"或"G03"）。
13. 车成形面工件时，为消除刀尖圆弧半径的影响，需要使用_____指令。
14. 当内圆弧面尺寸较小，成为内圆弧槽时，可选用_____车刀加工。

二、判断题（每题 1 分，共 15 分）

1. 带阶梯的成形面宜用圆头车刀切削。 （　　）
2. 用尖头车刀车凹圆弧面时不易产生主切削刃干涉。 （　　）
3. 粗车凹圆弧路径中，车同心圆法编程计算简单。 （　　）
4. 大部分二维 CAD 软件都具有查询点的坐标的功能。 （　　）
5. 一个程序段中可以同时使用 G02、G03 指令。 （　　）
6. 菱形车刀常用于车带阶梯的圆弧面工件。 （　　）
7. 尺寸较大的凸圆弧面也可以用成形车刀一次进给加工完成。 （　　）
8. 用车锥法粗车凸圆弧面时，刀具路径不能超过与圆弧相切的那条临界线。 （　　）
9. 车成形面工件时，刀尖圆弧半径不会影响零件表面的形状和精度。 （　　）
10. 圆弧插补"终点坐标+圆心坐标"指令格式中的 I、K 有正负之分。 （　　）
11. 圆弧插补"终点坐标+圆心坐标"指令格式中的 X、Z 是指圆弧圆心坐标。 （　　）
12. 车内轮廓圆弧面时，一般容易发生车刀主、副切削刃干涉现象。 （　　）

100

13. 圆弧过渡指令只能用于直线与直线间的圆弧过渡。 （ ）

14. 精车内轮廓圆弧面时，车刀刀尖可略高于工件回转中心。 （ ）

15. 加工精度要求较高的内轮廓圆弧面，也需要使用刀尖圆弧半径补偿指令。 （ ）

三、选择题（每题 1 分，共 20 分）

1. 车带阶梯的成形面，应选用_____。
    A. 圆头车刀　　　　　B. 菱形车刀　　　　　C. 尖头车刀　　　　　D. 内孔车刀

2. 车半径较小的半圆槽，应选用_____。
    A. 圆头车刀　　　　　B. 菱形车刀　　　　　C. 尖头车刀　　　　　D. 内孔车刀

3. 精车圆弧面，车刀刀尖应_____工件回转中心。
    A. 等高于　　　　　B. 略低于　　　　　C. 略高于　　　　　D. 高于或低于

4. 编程坐标计算简单、切削路径短、余量均匀的车凹圆弧形式是_____。
    A. 车等径圆法　　B. 车梯形法　　C. 车同心圆法　　D. 车三角形法

5. 数控车床上的圆弧插补平面指令是_____。
    A. G17　　　　　B. G18　　　　　C. G19　　　　　D. G20

6. 在外轮廓表面上车凹圆弧的指令是_____。
    A. G01　　　　　B. G02　　　　　C. G03　　　　　D. G02 或 G03

7. 顺时针圆弧插补指令是_____。
    A. G01　　　　　B. G02　　　　　C. G03　　　　　D. G04

8. 使用菱形车刀车成形面时，若车刀刀尖高于工件回转中心，则_____。
    A. 不会产生误差　　　　　　　　　B. 会产生表面粗糙度误差
    C. 会产生位置误差　　　　　　　　D. 会产生形状误差

9. 粗车圆心角大于 90° 的凸圆弧常采用的方法是_____。
    A. 车球法　　　　　B. 车锥法　　　　　C. 车三角形法　　　　　D. 车梯形法

10. 粗车成形面的进给量一般选取_____。
    A. 0.01 ~ 0.05mm/r　　　　　　　B. 0.08 ~ 0.15mm/r
    C. 0.2 ~ 0.4mm/r　　　　　　　　D. 0.4 ~ 0.8mm/r

11. 用可转位车刀精车成形面，主轴转速一般取_____。
    A. 100 ~ 200r/min　　　　　　　B. 300 ~ 400r/min
    C. 500 ~ 600r/min　　　　　　　D. 800 ~ 1200r/min

12. 直径编程，圆弧插补指令格式 G02 X _ Z _ I _ K _; 中，"K" 为圆弧圆心相对于圆弧起点的_____。
    A. X 方向增量　　　　　　　　　B. Z 方向增量
    C. X 方向增量的 2 倍　　　　　　D. Z 方向增量的 2 倍

13. 直径编程，圆弧插补指令格式 G02 X _ Z _ I _ K _；中，"I"为圆弧圆心相对于圆弧起点的_____。

    A. X 方向增量   B. Z 方向增量

    C. X 方向增量的 2 倍   D. Z 方向增量的 2 倍

14. 发那科系统，刀具起点在（0，0），执行指令 G03 X50 Z-40 R40 F0.2；加工圆弧，若用"终点坐标+圆心坐标"表示，则"K"值为_____。（F）

    A. 0   B. 正   C. 负   D. 不能确定

15. 西门子系统，刀具起点在（0，0），执行指令 G03 X30 Z-15 CR=15 F0.2；加工圆弧，若用"终点坐标+圆心坐标"表示，则"I"值为_____。（S）

    A. -15   B. 0   C. 15   D. 30

16. 车无预制孔的内圆弧，车刀主偏角应_____。

    A. 大于 90°   B. 小于 90°   C. 大于 0°   D. 小于 0°

17. 精车内轮廓圆弧面时，为消除刀尖圆弧半径对圆弧形状和精度的影响，应使用的刀尖圆弧半径补偿指令是_____。

    A. G40   B. G41   C. G42   D. G43

18. 发那科系统常用来粗车内轮廓成形面余量的循环指令是_____。（F）

    A. G70   B. G71   C. G72   D. G73

19. 西门子系统可以用来粗车内轮廓成形面余量的循环指令是_____。（S）

    A. CYCLE93(0)   B. CYCLE94(0)

    C. CYCLE95(2)   D. CYCLE97（或 CYCLE99）

20. 圆弧过渡指令 G01 X _ Z _ F _，R(RND=) _；只能用于_____。

    A. 直线与圆弧间圆弧过渡   B. 圆弧与直线间圆弧过渡

    C. 直线与直线间直线过渡   D. 圆弧与圆弧间圆弧过渡

四、简答题（每题 5 分，共 15 分）

1. 什么是逆时针圆弧插补？其指令代码是什么？

2. 车成形面时，刀尖圆弧半径会不会对零件精度产生影响？为什么？

3. 在数控车床上，内轮廓凸圆弧面粗车余量如何去除？

五、编程题（共 20 分）

编写图 4-4 所示异形轴的数控加工程序，并填写表 4-5。材料为 45 钢，毛坯为 $\phi42$mm 棒料。

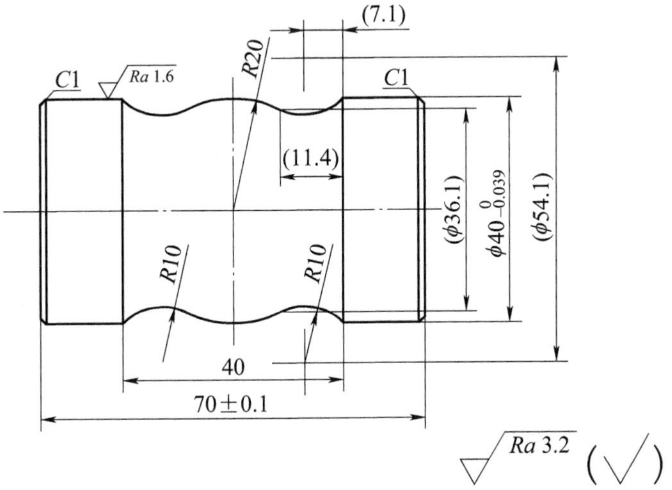

图 4-4　异形轴

表 4-5　异形轴数控加工程序

程序段号	程序内容	程序段号	程序内容

程序段号	程序内容	程序段号	程序内容

项目五　螺纹类零件加工

任务一　圆柱螺塞的加工

一、填空题

1. 在数控车床上车普通螺纹，实际牙深的计算公式为 $h_{1实}$ = _____。

2. M20×2 螺纹螺距为 _____mm，牙高 h_1 为 _____mm。

3. M12 螺纹螺距为 _____mm。

4. 车外螺纹时，由于受到挤压等作用，会使外螺纹尺寸胀大，因此车外螺纹前圆柱直径应比螺纹大径小 _____mm。

5. 普通螺纹的牙型角为 _____。

6. 在数控车床上车螺纹常选用的刀具是 _____式螺纹车刀。

7. 车螺纹的进刀方式有 _____、_____和 _____三种。当螺纹螺距较小时，常选用 _____进刀方式。

8. 切削螺纹时，为提高螺纹表面质量，可增加几次 _____加工。

9. 切削螺纹时，为防止在螺纹起点和终点产生不正确导程，车刀在进刀和退刀过程中应设置 _____和 _____。

10. 螺距为 1mm 的螺纹，切削时需分 ____次进刀；螺距为 1.5mm 的螺纹，切削时需分 ____次进刀；螺距为 2mm 的螺纹，切削时需分 ____次进刀。

11. 分配螺纹切削深度时，为避免切削力过大而损坏刀具，每次进刀深度应越来越 ____。

12. 普通螺纹检测项目有 _____、_____、_____和 _____四项。

13. 普通螺纹中径的测量方法有 _____和 _____测量。

14. 综合测量外螺纹的量规称为 _____。

15. 发那科系统车圆柱螺纹指令格式 G32 Z _ F _；中，"F" 表示 _____。（F）

16. 西门子系统车圆柱螺纹指令格式 G33 Z _ K _；中，"K" 表示 _____。（S）

17. 普通螺纹车刀编程及对刀过程中常以 _____作为刀位点。

18. 安装螺纹车刀应借助于样板，使螺纹车刀刀尖角平分线垂直于 _____。

二、判断题

1. 硬质合金螺纹车刀用于低速车螺纹，高速工具钢螺纹车刀用于高速车螺纹。（　　）
2. 小螺距螺纹适宜采用直进法切削。（　　）
3. 车削大螺距螺纹时常采用左右切削法。（　　）
4. 车螺纹时为提高生产率，可一次进给车至螺纹尺寸要求。（　　）
5. 车螺纹时，一般不需要设置空刀导入量和空刀退出量。（　　）
6. 高速车螺纹时主轴转速可达 1000r/min。（　　）
7. 在数控车床上车螺纹时，进给倍率开关无效。（　　）
8. 车螺纹时，不得改变主轴转速倍率开关。（　　）
9. 螺纹千分尺主要用于测量螺纹中径尺寸。（　　）
10. 综合测量是用螺纹环规测内螺纹，用螺纹塞规测外螺纹。（　　）
11. 螺纹样板一般只用来测量螺距尺寸。（　　）
12. 发那科系统螺纹切削指令 G32 是程序段有效指令。（F）（　　）
13. 发那科系统螺纹切削指令 G32 可以车削多线螺纹。（F）（　　）
14. 发那科系统使用 G92 指令车圆柱螺纹时，刀具起点可处于任意位置。（F）（　　）
15. 西门子系统螺纹切削指令 G33 是程序段有效指令。（S）（　　）
16. 西门子系统螺纹切削指令 G33 可以车削多线螺纹。（S）（　　）
17. 西门子系统使用 G33 指令车圆柱螺纹时，刀具起点可处于任意位置。（S）（　　）
18. 螺纹车刀 Z 方向对刀时，工件应旋转起来，先用车刀车平端面，再进行机床面板操作。（　　）

三、选择题

1. M20×2 外螺纹，车削螺纹前圆柱面直径应为_____。
   A. 2mm　　　　　　B. 10mm　　　　　　C. 19.8mm　　　　　　D. 20mm
2. 普通螺纹车刀的刀尖角为_____。
   A. 30°　　　　　　B. 40°　　　　　　C. 55°　　　　　　D. 60°
3. 车削螺距小于 3mm 的螺纹，应采用的进刀方式是_____。
   A. 直进法　　　　B. 斜进法　　　　C. 左右切削法　　　　D. 都可以
4. 切削力小、不易扎刀且牙侧表面粗糙度值小的螺纹切削进刀方式是_____。
   A. 直进法　　　　B. 斜进法　　　　C. 左右切削法　　　　D. 直进法和斜进法
5. 适用于粗、精加工 $P \geqslant 3$mm 的螺纹的进刀方式是_____。
   A. 直进法　　　　B. 斜进法　　　　C. 左右切削法　　　　D. 直进法和斜进法
6. 车螺纹时，设置空刀导入量、空刀导出量的原因是_____。
   A. 切削方便　　　B. 防止撞刀　　　C. 方便排屑　　　D. 避免螺纹导程不正确

7. 车 M20×1.5 螺纹需要的进刀次数是_____。

A. 1 次　　　　　　B. 2 次　　　　　C. 4 次　　　　　D. 10 次

8. 能测量螺纹中径尺寸的量具是_____。

A. 螺纹样板　　　B. 螺纹千分尺　　C. 螺纹环规　　　D. 螺纹塞规

9. 用螺纹环规测量外螺纹时，若止规能通过，则说明_____。

A. 螺纹尺寸偏大　B. 螺纹尺寸偏小　　C. 螺纹尺寸正好　　D. 螺纹牙型不正确

10. 测量外螺纹大径的量具是_____。

A. 游标卡尺　　　B. 螺纹千分尺　　C. 螺纹塞规　　　D. 螺纹环规

11. 发那科系统圆柱螺纹切削指令为_____。（F）

A. G30　　　　　　B. G31　　　　　C. G32　　　　　D. G33

12. 发那科系统圆柱螺纹单一切削循环指令为_____。（F）

A. G33　　　　　　B. G90　　　　　C. G91　　　　　D. G92

13. 发那科系统圆柱螺纹切削指令格式 G32 Z _ F _ Q _；中，"Z"是指_____。（F）

A. 切削起点坐标　B. 切削终点坐标　　C. 螺纹螺距　　　　D. 角度偏移量

14. 发那科系统圆柱螺纹切削指令格式 G32 Z _ F _ Q _；中，"Q"是指_____。（F）

A. 切削起点坐标　B. 切削终点坐标　　C. 螺纹螺距　　　　D. 角度偏移量

15. 西门子系统圆柱螺纹切削指令为_____。（S）

A. G30　　　　　　B. G31　　　　　C. G32　　　　　D. G33

16. 西门子系统圆柱螺纹切削指令格式 G33 Z _ K _ SP ＝ _；中，"Z"是指_____。（S）

A. 切削起点坐标　B. 切削终点坐标　　C. 螺纹导程　　　　D. 角度偏移量

17. 西门子系统圆柱螺纹切削指令格式 G33 Z _ K _ SP ＝ _；中，"SP"后的数值是_____。（S）

A. 角度偏移量　　B. 切削终点坐标　　C. 切削起点坐标　　D. 螺纹导程

18. 使用螺纹切削指令加工圆柱外螺纹时，刀具起点应位于_____。

A. 任意位置　　　B. 工件原点　　　C. 换刀点　　　　D. 螺纹切削起点

四、简答题

1. 车普通螺纹前，外螺纹底圆柱直径如何确定？为什么？

2. 车普通螺纹有哪几种进刀方法？各有何特点？

3. 车螺纹为何要设置空刀导入量和空刀退出量？其值如何确定？

4. 对普通外螺纹车刀的安装和对刀有什么要求？

五、编程题

编写图 5-1 所示螺纹轴的数控加工程序，填写表 5-1，并进行加工训练。材料为 45 钢，毛坯为 ϕ30mm 棒料。

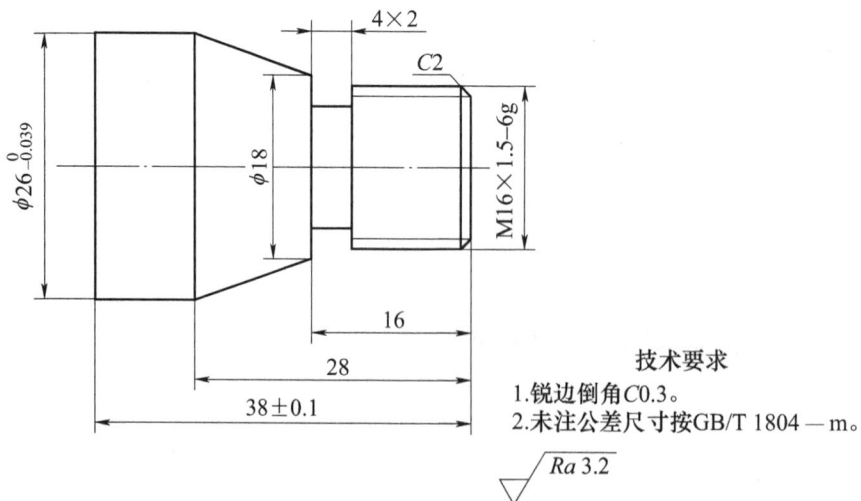

图 5-1　螺纹轴

技术要求
1. 锐边倒角C0.3。
2. 未注公差尺寸按GB/T 1804 — m。

$\sqrt{}$ Ra 3.2

表 5-1　螺纹轴数控加工程序

程序段号	程序内容（发那科系统）	程序内容（西门子系统）	备注

程序段号	程序内容（发那科系统）	程序内容（西门子系统）	备注

任务二　圆锥螺塞的加工

一、填空题

1. 圆锥螺纹常用于各种_____装置。

2. 圆锥管螺纹的牙型角一般为_____和_____。

3. 标准圆锥螺纹的锥度一般为_____。

4. 圆锥螺纹通常螺距较小，切削时常采用_____法加工。

5. 若某管螺纹每英寸有 10 牙，则其螺距为_____mm。

6. 标准圆锥螺纹一般采用_____测量。

7. 非标准圆锥螺纹常采用_____测量其锥度。

8. 发那科系统圆锥螺纹切削指令格式为_____。（F）

9. 发那科系统圆锥螺纹切削循环指令代码是_____。（F）

10. 发那科系统指令格式 G92 X _ Z _ R _ F _; 中，"X""Z"是指_____绝对坐标。（F）

11. 发那科系统螺纹切削复合循环指令 G76 P（m）（r）（a）Q（Δd_{min}）R（d）中，"Δd_{min}"的含义是_____，"d"的含义是_____。（F）

12. 发那科系统螺纹切削复合循环指令 G76 X（W）_ Z（W）_ R（i）P（k）Q（Δd）F（L）中，"k"的含义是_____，"L"含义是_____。（F）

13. 西门子系统圆锥螺纹切削指令格式为_____。（S）

14. 西门子系统圆锥螺纹切削循环指令代码是_____。（S）

15. 西门子 802D 系统螺纹切削循环 CYCLE97（或 828D 系统 CYCLE99）指令中，参数 APP（或 LW）含义是_____，ROP（或 LR）含义是_____。

16. 西门子 802D 系统螺纹切削循环 CYCLE97（或 828D 系统 CYCLE99）指令中，参数 FAL（或 U）含义是_____，NID（或 NN）含义是_____。

17. 西门子 802D 系统螺纹切削循环 CYCLE97（或 828D 系统 CYCLE99）指令中，参数 PIT（或 P）含义是_____。

18. 车圆锥螺纹，螺纹车刀刀尖应与工件回转轴线_____。

二、判断题

1. 圆锥管螺纹常用于各种动力传动装置。　　　　　　　　　　　　　　（　　）

2. 车圆锥螺纹前，应先将工件加工成相应尺寸的圆锥面才行。　　　　（　　）

3. 车圆锥螺纹时，不需要设置空刀导入量和空刀退出量。　　　　　　（　　）

4. 车圆锥螺纹进刀方式与车圆柱螺纹进刀方式基本相同。　　　　　　（　　）

5. 为提高牙侧表面质量，圆锥螺纹常采用斜进法进行切削。　　　　　（　　）

6. 锥度不是 1∶16 的圆锥螺纹，一般不能用标准圆锥量规测量。　　（　　）

7. 用螺纹切削指令车圆锥螺纹的起始点、终点坐标应包括空刀导入量与空刀导出量在内。　　　　　　　　　　　　　　　　　　　　　　　　　　　　　　（　　）

8. 发那科系统 G32 指令只能车圆柱螺纹，不能车圆锥螺纹。（F）　　（　　）

9. 发那科系统当圆锥角大于 60°时，"F"是指圆锥螺纹 X 方向导程。（F）（　　）

10. 发那科系统 G92 指令可以车圆柱螺纹也可以车圆锥螺纹。（F）　（　　）

11. 发那科系统螺纹切削循环指令 G76 不能车圆锥外螺纹。（F）　　（　　）

12. 西门子系统 G33 指令只能车圆柱螺纹，不能车圆锥螺纹。（S）　（　　）

13. 西门子系统螺纹切削循环 CYCLE97（或 CYCLE99）是模态有效指令。（S）（　　）

14. 西门子系统当圆锥半角大于 45°时，"I"是指 X 轴方向导程。（S）　（　　）

15. 西门子系统可以在任何位置调用螺纹切削循环 CYCLE97（或 CYCLE99）。（S）　（　　　）

16. 调用螺纹复合循环指令加工螺纹时，应使刀具处于循环起点位置。　（　　　）

17. 安装圆锥螺纹车刀时，刀尖应高于工件回转中心。　（　　　）

18. 圆锥螺纹出现牙型歪斜缺陷的原因主要是螺纹车刀安装不正确。　（　　　）

三、选择题

1. 圆锥螺纹车刀的刀尖角一般为_____。

　　A. 20°　　　　　B. 30°　　　　　C. 40°　　　　　D. 55°或 60°

2. 车削圆锥螺纹时，刀具刀位点一般为_____。

　　A. 刀杆　　　　B. 左侧切削刃　　C. 右侧切削刃　　D. 刀尖

3. 使用高速工具钢螺纹车刀车削圆锥螺纹，工件转速一般取_____。

　　A. 0～50r/min　　　　　　　　B. 100～150r/min

　　C. 300～400r/min　　　　　　　D. 600～800r/min

4. 使用可转位螺纹车刀车削圆锥螺纹，工件转速一般取_____。

　　A. 0～50r/min　　　　　　　　B. 100～150r/min

　　C. 300～400r/min　　　　　　　D. 600～800r/min

5. 每英寸 8 牙的寸制螺纹，螺距为_____。

　　A. 0.318mm　　　B. 3.175mm　　　C. 8mm　　　　D. 25.4mm

6. 测量非标准圆锥螺纹锥度的量具是_____。

　　A. 游标万能角度尺　　　　　　B. 螺纹塞规

　　C. 螺纹环规　　　　　　　　　D. 螺纹千分尺

7. 发那科系统 G32 X40 Z-10 F4；螺纹加工指令中，螺纹螺距为_____。（F）

　　A. 4mm　　　　　B. 10mm　　　　C. -4mm　　　　D. 40mm

8. 发那科系统使用 G32 指令切削圆锥螺纹，螺纹车刀应处于的位置是_____。（F）

　　A. 螺纹切削起点　　　　　　　B. 循环起点

　　C. 与终点 X 坐标相同点　　　　D. 与终点 Z 坐标相同点

9. 发那科系统使用 G76 循环指令切削圆锥螺纹，螺纹车刀应处于的位置是_____。（F）

　　A. 工件原点　　　　　　　　　B. 循环起点

　　C. 机床原点　　　　　　　　　D. 与终点 Z 坐标相同点

10. 发那科系统 G76 循环指令中，P（m）中 m 的含义是_____。（F）

　　A. 精车余量　　B. 切削深度　　C. 粗车次数　　D. 精车次数

11. 发那科系统 G76 循环指令中，R（d）中 d 的含义是_____。（F）

　　A. 切削深度　　B. 粗车次数　　C. 精车余量　　D. 精车次数

12. 西门子系统 G32 X40 Z-10 K4；螺纹加工指令中，螺距是指_____。（S）

    A. Y 轴方向螺距   B. Z 轴方向螺距

    C. X 轴方向螺距   D. I 方向螺距

13. 西门子系统 G33 X40 Z-10 I2；螺纹加工指令中，螺纹螺距为_____。（S）

    A. 2mm   B. 10mm   C. -2mm   D. -10mm

14. 西门子系统使用 G33 指令切削圆锥螺纹，螺纹车刀应处于的位置是_____。（S）

    A. 螺纹切削起点   B. 循环起点

    C. 与终点 X 坐标相同点   D. 与终点 Z 坐标相同点

15. 西门子系统使用 CYCLE97（或 CYCLE99）指令切削圆锥螺纹，螺纹车刀应处于的位置是_____。（S）

    A. 工件原点   B. 循环起点

    C. 机床原点   D. 与终点 Z 坐标相同点

16. 西门子 802D 系统螺纹切削循环 CYCLE97（或 828D 系统 CYCLE99）指令中，参数 TDEP（或 H1）含义是_____。

    A. 螺距   B. 精加工余量   C. 螺纹线数   D. 螺纹深度

17. 安装圆锥螺纹车刀时，刀头对称平面应_____。

    A. 垂直于螺纹牙型线方向   B. 平行于螺纹牙型线方向

    C. 垂直于工件轴线   D. 平行于工件轴线

四、简答题

1. 发那科系统用 G32 指令加工圆柱螺纹与圆锥螺纹时的指令格式有何不同？（F）

2. 西门子系统用 G33 指令加工圆柱螺纹与圆锥螺纹时，其指令格式有何不同？（S）

3. 标准圆锥螺纹的锥度是多少？一般用什么量具测量？

4. 编程时能否用圆锥螺纹底圆锥大小端直径作为螺纹切削起始点直径和螺纹终点直径？为什么？

五、编程题

编写图 5-2 所示圆锥螺纹轴的数控加工程序，填写表 5-2，并进行加工训练。材料为 45 钢，毛坯为 φ25mm 棒料。

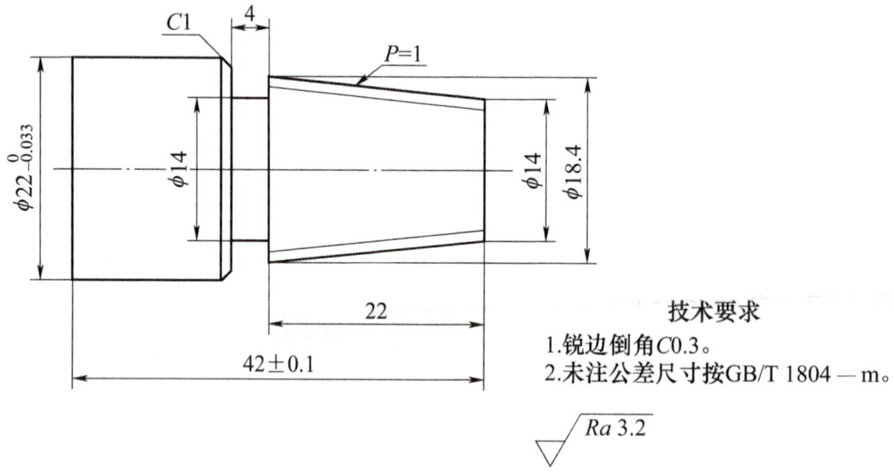

图 5-2　圆锥螺纹轴

表 5-2　圆锥螺纹轴的数控加工程序

程序段号	程序内容（发那科系统）	程序内容（西门子系统）	备注

程序段号	程序内容（发那科系统）	程序内容（西门子系统）	备注

任务三　圆螺母的加工

一、填空题

1. 内螺纹常与_____配合使用，起连接、密封、传动作用。

2. 车普通内螺纹，塑性材料底孔直径 $D_孔$ = _____，脆性材料底孔直径 $D_孔$ = _____。

3. 按结构形式分，内螺纹车刀有_____、_____和_____三种。

4. 车内螺纹的进刀方式有_____法、_____法和_____法三种。

5. 螺距较小的内螺纹一般采用的进刀方式是_____。

6. 常用_____来测量内螺纹的中径。

7. 测量内螺纹合格与否的量规称为_____。

8. 测量内螺纹螺距常使用的量具是_____。

9. 发那科系统，可以车内螺纹的指令有_____、_____和_____。（F）

10. 西门子系统，可以车内螺纹的指令有_____和_____等。（S）

二、判断题

1. 车内螺纹前应先加工内螺纹底孔。　　　　　　　　　　　　　　　　　（　　）

2. 内螺纹常与外螺纹配合使用。　　　　　　　　　　　　　　　　　　　（　　）

3. 在数控车床上车内螺纹常采用焊接式车刀。　　　　　　　　　　　　　（　　）

4. 内螺纹车刀与内孔车刀形状、结构、参数是完全一样的。　　　　　　　（　　）

5. 外螺纹车刀不可以用来车内螺纹。　　　　　　　　　　　　　　　　　（　　）

6. 螺距较大的内螺纹采用直进法车削。　　　　　　　　　　　　　　　　（　　）

7. 使用螺纹塞规测量内螺纹时，若通端能通过，表明螺纹尺寸正好。　　　（　　）

8. 螺距规也可以用来测量内螺纹的螺距。　　　　　　　　　　　　　　　（　　）

9. 发那科系统 G32 指令可以用来车圆柱内螺纹，但不能车圆锥内螺纹。（F）（　　）

10. 发那科系统 G92 指令不仅可以车圆柱内螺纹，也可以车圆锥内螺纹。（F）（　　）

11. 发那科系统使用 G76 指令车内螺纹，车刀循环起点应处于螺纹小径以内。（F）

　　　　　　　　　　　　　　　　　　　　　　　　　　　　　　　　　（　　）

12. 西门子系统用 CYCLE97（或 CYCLE99）循环指令车内螺纹时，刀具起点位置应处于靠近工件外圆表面处。（S）　　　　　　　　　　　　　　　　　　　（　　）

13. 西门子系统使用 G33 指令不可以车圆锥内螺纹。（S）　　　　　　　　（　　）

14. 西门子系统螺纹切削循环 CYCLE97（或 CYCLE99）不可以车圆柱内螺纹。（S）

　　　　　　　　　　　　　　　　　　　　　　　　　　　　　　　　　（　　）

15. 车内螺纹前最好测试一下内螺纹车刀是否会发生干涉现象。　　　　　　（　　）

三、选择题

1. 车内螺纹前，螺纹底孔直径应_____内螺纹小径。
   A. 大于   B. 小于   C. 等于   D. 小于或等于

2. 数控车床上常采用的内螺纹车刀结构形式是_____。
   A. 整体式   B. 焊接式   C. 机夹式   D. 可转位

3. 在数控车床上用可转位螺纹车刀车内螺纹，工件转速为_____。
   A. 0~50r/min   B. 100~200r/min
   C. 300~400r/min   D. 600~800r/min

4. 用螺纹塞规测量内螺纹尺寸，Z端能通过，说明_____。
   A. 尺寸合格 B. 尺寸偏小 C. 尺寸偏大 D. 不能确定

5. 用螺纹塞规测量内螺纹尺寸，T端能通过，说明_____。
   A. 尺寸合格 B. 尺寸偏小 C. 尺寸偏大 D. 不能确定

6. 发那科系统中，不能车内螺纹的指令是_____。（F）
   A. G32   B. G33   C. G92   D. G76

7. 发那科系统中，使用 G76 指令车内螺纹，循环起点应位于_____。（F）
   A. 工件原点   B. 内孔以内且距右端面一定距离
   C. 机床原点   D. 外圆以外且距左端面一定距离

8. 西门子系统中，不能车内螺纹的指令是_____。（S）
   A. G32 B. G33 C. CYCLE97（或 CYCLE99） D. G34

9. 西门子系统使用 CYCLE97（或 CYCLE99）指令车内螺纹，循环起点应位于_____。（S）

   A. 工件原点

   B. 保证刀具运动到螺纹切削起点不发生碰撞的任一位置

   C. 机床原点

   D. 外圆以外且距左端面一定距离

10. 安装内螺纹车刀时，刀头应严格_____。
    A. 平行于工件轴线   B. 平行于螺纹牙侧面
    C. 垂直于工件轴线   D. 垂直于螺纹牙侧面

四、简答题

1. 车内螺纹前底孔直径如何确定？为什么？

2. 简述内螺纹车刀的对刀步骤。

五、加工训练题

编写图 5-3 所示圆螺母的数控加工程序，填写表 5-3，并进行加工训练。材料为 45 钢，毛坯为 $\phi35\text{mm}$ 棒料。

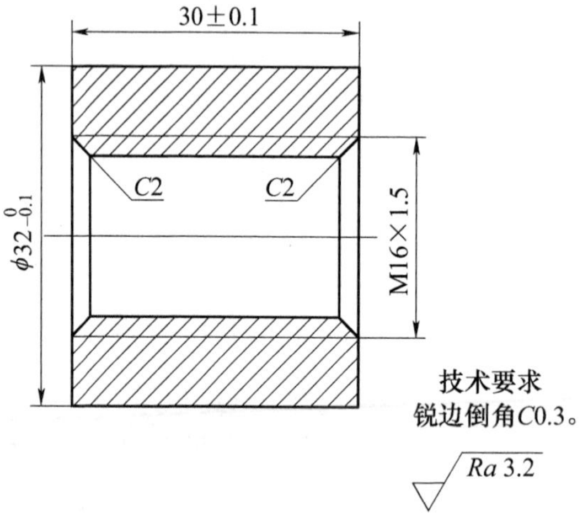

图 5-3　圆螺母

表 5-3　圆螺母加工程序

程序段号	程序内容（发那科系统）	程序内容（西门子系统）	备注

程序段号	程序内容（发那科系统）	程序内容（西门子系统）	备注

项目五测试训练

一、填空题（每空 1 分，共 30 分）

1. M20×2 螺纹螺距为＿＿＿＿mm，牙高为＿＿＿＿＿mm。

2. 车外螺纹时，由于受到＿＿＿＿等作用，会使外螺纹尺寸胀大，故车外螺纹前圆柱直径应比螺纹大径小 0.2～0.4mm。

3. 普通螺纹车刀刀尖角为＿＿＿＿。

4. 在数控车床上车螺纹常选用＿＿＿＿式螺纹车刀。

5. 车螺纹的进刀方式有＿＿＿＿、＿＿＿＿和＿＿＿＿三种。当螺纹螺距较小时，常选用＿＿＿＿进刀方式。

6. 切削螺纹时，为避免＿＿＿＿过大而损坏刀具，每次进刀深度应越来越小。

7. 普通螺纹的检测项目有＿＿＿＿、＿＿＿＿、＿＿＿＿和＿＿＿＿四项。

8. 普通螺纹中径常采用＿＿＿＿、＿＿＿＿测量。

9. 普通螺纹车刀编程及对刀过程中常以＿＿＿＿作为刀位点。

10. 圆锥管螺纹的牙型角一般为＿＿＿＿和＿＿＿＿。

11. 标准圆锥螺纹的锥度一般为＿＿＿＿。

12. 圆锥螺纹通常螺距＿＿＿＿，切削时常采用直进法加工。

13. 若某管螺纹每英寸为＿＿＿＿牙，则其螺距为 2.54mm。

14. ＿＿＿＿圆锥螺纹一般采用圆锥螺纹量规测量其精度。

15. 非标准圆锥螺纹常采用＿＿＿＿测量其锥度。

16. 车圆锥螺纹，螺纹车刀＿＿＿＿应垂直于工件回转中心。

17. 车普通内螺纹，塑性材料底孔直径 $D_{孔}$ ＝＿＿＿＿，脆性材料底孔直径 $D_{孔}$ ＝＿＿＿＿。

18. 螺距较小的内螺纹一般采用的进刀方式是＿＿＿＿。

19. 常用＿＿＿＿来测量内螺纹的中径。

20. 测量内螺纹合格与否的量规称为＿＿＿＿。

二、判断题（每题 1 分，共 18 分）

1. 粗车大螺距螺纹时常采用斜进法切削。　　　　　　　　　　　　　　（　　）

2. 车螺纹时为提高生产率，可一次进给车至螺纹尺寸。　　　　　　　　（　　）

3. 车圆柱螺纹时，一般不需要设置空刀导入量和空刀退出量。 （　　）

4. 高速工具钢螺纹车刀适合于低速精车螺纹。 （　　）

5. 高速车螺纹转速可达 1000r/min 以上。 （　　）

6. 综合测量是用螺纹环规测内螺纹，用螺纹塞规测外螺纹。 （　　）

7. 测量螺纹螺距尺寸时常使用螺纹样板。 （　　）

8. 圆柱螺纹车刀对刀时，工件必须旋转起来才能进行 Z 方向对刀。 （　　）

9. 圆锥管螺纹常用于各种动力传动装置。 （　　）

10. 车圆锥螺纹前应先将工件车削成相应尺寸的圆锥面。 （　　）

11. 车圆锥内螺纹时不需要设置空刀导入量和空刀退出量。 （　　）

12. 车圆锥螺纹的进刀方式与车圆柱螺纹的进刀方式基本相同。 （　　）

13. 为提高牙侧表面质量，圆锥螺纹常采用斜进法切削。 （　　）

14. 锥度不是 1：16 的圆锥螺纹不是标准圆锥螺纹。 （　　）

15. 用螺纹切削指令车圆锥螺纹的起始点、终点坐标应包括空刀导入量与空刀导出量在内。 （　　）

16. 内螺纹常与外圆面配合使用。 （　　）

17. 外螺纹车刀不可以用来车内螺纹。 （　　）

18. 车内螺纹前最好测试一下内螺纹车刀是否会发生干涉现象。 （　　）

三、选择题（每题 1 分，共 20 分）

1. M24×2 外螺纹，车削螺纹前底圆柱面直径应为_____。

   A. 2mm   B. 22mm   C. 23. 8mm   D. 24mm

2. 普通螺纹牙型角为_____。

   A. 30°   B. 40°   C. 55°   D. 60°

3. 车削螺距小于 3mm 的螺纹，应采用的进刀方式是_____。

   A. 直进法   B. 斜进法   C. 左右切削法   D. 都可以

4. 车螺纹时，设置空刀导入量、空刀导出量的原因是_____。

   A. 切削方便   B. 防止撞刀   C. 方便排屑   D. 避免螺纹导程不正确

5. 车 M12×1. 5 螺纹需要的进刀次数是_____。

   A. 1 次   B. 2 次   C. 4 次   D. 10 次

6. 能测量螺纹中径尺寸的量具是_____。

   A. 螺纹样板   B. 螺纹千分尺   C. 螺纹环规   D. 螺纹塞规

7. 用螺纹环规测量外螺纹时，若止规能通过，则说明_____。

   A. 螺纹尺寸偏大   B. 螺纹尺寸偏小   C. 螺纹尺寸正好   D. 螺纹牙型正确

8. 使用螺纹切削指令加工圆柱外螺纹时，刀具起点应位于_____。

   A. 任意位置   B. 工件原点

   C. 换刀点   D. 工件端面外与终点 X 坐标相同点

9. 发那科系统 G76 循环指令中，"R(d)"中"d"的含义是_____。（F）

   A. 切削深度   B. 粗车次数   C. 精车余量   D. 精车次数

10. 西门子系统 G32 X40 Z-10 K4；螺纹加工指令中，螺距是指_____。（S）

    A. Y 轴方向螺距   B. Z 轴方向螺距   C. X 轴方向螺距   D. I 方向螺距

11. 使用可转位螺纹车刀车削圆锥螺纹，工件转速一般取_____。

    A. 0~50r/min   B. 100~150r/min

    C. 300~400r/min   D. 600~800r/min

12. 每英寸 20 牙的寸制螺纹螺距为_____。

    A. 1.27mm   B. 2.54mm   C. 20mm   D. 25.4mm

13. 测量非标准圆锥螺纹锥度的量具是_____。

    A. 游标万能角度尺   B. 螺纹塞规

    C. 螺纹环规   D. 螺纹千分尺

14. 使用螺纹切削循环指令车圆锥螺纹时，螺纹车刀应处于的位置是_____。

    A. 工件原点   B. 循环起点

    C. 机床原点   D. 与终点 Z 坐标相同点

15. 用螺纹切削指令加工圆锥螺纹，当圆锥半角大于 45°时，螺距是指_____。

    A. Y 轴方向螺距   B. Z 轴方向螺距

    C. X 轴方向螺距   D. I 方向螺距

16. 车内螺纹前，孔底直径应_____内螺纹小径。

    A. 大于   B. 小于   C. 等于   D. 小于或等于

17. 数控车床上常采用的内螺纹车刀结构形式是_____。

    A. 整体式   B. 焊接式   C. 机夹式   D. 可转位

18. 在数控车床上用可转位螺纹车刀车内螺纹，工件转速常选为_____。

    A. 0~50r/min   B. 100~200r/min

    C. 300~400r/min   D. 600~800r/min

19. 发那科系统中，不能车内螺纹的指令是_____。（F）

    A. G32   B. G33   C. G92   D. G76

20. 西门子系统中，不能车内螺纹的指令是_____。（S）

    A. G32   B. G33

    C. CYCLE97（或 CYCLE99）   D. G34

四、简答题（每题 4 分，共 12 分）

1. 车削普通螺纹有哪几种进刀方法？各有何特点？

2. 车削螺纹为何要设置空刀导入量和空刀退出量？其值如何确定？

3. 编程时能否用圆锥大、小端直径作为圆锥螺纹起始点直径和终点直径？为什么？

五、编程题（共 20 分）

编写图 5-4 所示螺塞的数控加工程序，并填写表 5-4。材料为 45 钢，毛坯尺寸为
$\phi 38\text{mm} \times 32\text{mm}$。

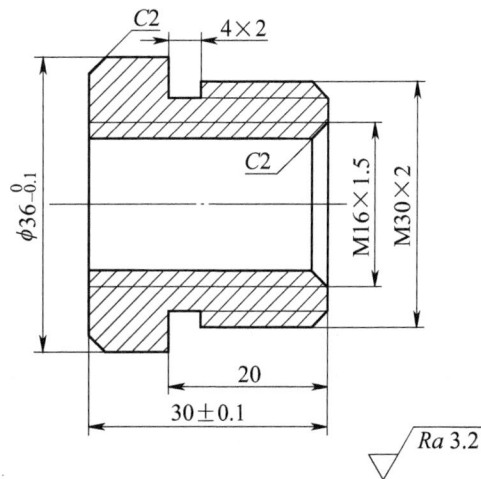

图 5-4　螺塞零件图

表 5-4　螺塞数控加工程序

程序段号	程序内容	程序段号	程序内容

项目六　零件综合加工和 CAD/CAM 加工

任务一　法兰盘的加工

一、填空题

1. 常见的端面槽形状有_____、_____、_____和_____等。

2. 为防止切削端面槽时发生干涉现象，端面槽刀外侧面应磨成_____。

3. 端面窄直槽一般用 G01 指令采用_____法切削。

4. 端面梯形槽可用端面直槽刀分____次进给进行切削加工。

5. 车端面槽至槽底时，常采用____指令暂停数秒时间，以保证槽底光滑平整。

6. 发那科系统端面宽槽可以采用端面槽复合循环指令_____编程加工。（F）

7. 发那科系统 G74 指令格式 R（e）中，"e"表示的是_____。（F）

8. 西门子系统尺寸较大的端面槽可采用切槽循环加工，其指令是_____。（S）

9. 西门子系统切槽循环指令中，由设定参数____的值来确定是端面槽。（S）

10. 前置刀架数控车床，端面槽编程和加工时，一般选_____刀尖作为刀位点，因为较方便。

二、判断题

1. 将外槽车刀平行于工件轴线方向装夹后就可以用来车端面槽。　　　　（　　）

2. 端面槽刀内侧刀面圆弧半径应小于被切端面槽内侧圆弧半径。　　　　（　　）

3. 端面梯形槽可以用直槽刀分 3 次进给进行切削。　　　　　　　　　　（　　）

4. 端面槽切削至槽底时，需要暂停数秒时间，以光整槽底面。　　　　　（　　）

5. 车端面槽转速可以选择得高一些，一般可达 800r/min。　　　　　　 （　　）

6. 车端面槽的进给量应选择得小一些，以防刀具折断。　　　　　　　　（　　）

7. 精度不高的端面槽，深度尺寸可用游标卡尺测量。　　　　　　　　　（　　）

8. 端面槽宽度尺寸可用深度千分尺测量。　　　　　　　　　　　　　　（　　）

9. 发那科系统可采用 G75 指令车削尺寸较大的端面槽。（F）　　　　　（　　）

10. 西门子系统可采用 CYCLE93（或 CYCLE930）循环指令车削尺寸较大的端面槽。（S）

（　　）

三、选择题

1. 车端面T形槽或燕尾槽,至少需要分_____次车削加工。

    A. 1   B. 2   C. 3   D. 4

2. 车端面槽时,为避免刀具外侧刀面与工件表面干涉,外侧面磨成圆弧形的圆弧半径应_____被车端面槽外侧圆弧半径。

    A. 大于   B. 小于   C. 等于   D. 大于或等于

3. 直进法车端面槽时应采用的指令是_____。

    A. G00   B. G01   C. G02   D. G04

4. 发那科系统可以车端面槽的循环指令是_____。(F)

    A. G70   B. G71   C. G73   D. G74

5. 西门子系统可以车端面槽的循环是_____。(S)

    A. CYCLE93(0)   B. CYCLE95(2)

    C. CYCLE97   D. CYCLE99

6. 为保证端面槽底光滑,车刀切削至槽底时需用到的暂停指令是_____。

    A. G01   B. G02   C. G03   D. G04

7. 车端面槽的进给量一般选择_____。

    A. 0.1mm/r   B. 0.5mm/r   C. 1mm/r   D. 5mm/r

8. 用可转位车刀车端面槽时,主轴转速一般选择为_____。

    A. 50~100r/min   B. 100~200r/min

    C. 300~400r/min   D. 300~400r/s

9. 安装端面槽刀时,端面槽刀刀头与工件轴线的关系是_____。

    A. 垂直   B. 平行   C. 倾斜   D. 成30°角

四、简答题

1. 在数控车床上加工端面直槽,如何进刀?

2. 对端面直槽刀的结构形状有何要求?为什么?

3. 简述端面槽刀的对刀步骤。

五、编程题

编写图 6-1 所示双槽连接盘的数控加工程序，填写表 6-1，并进行加工训练。材料为 45 钢，毛坯尺寸为 ϕ70mm×30mm。

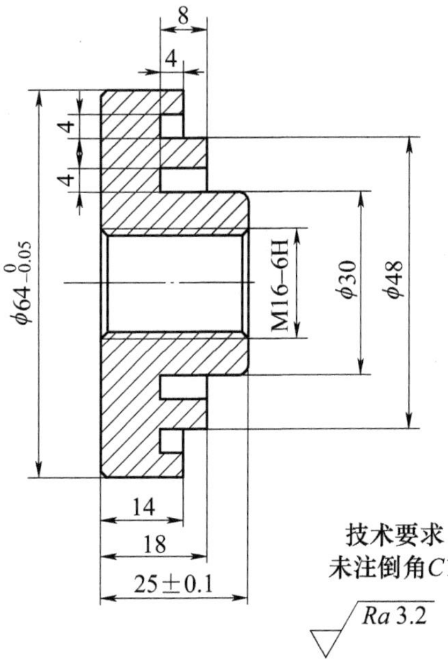

图 6-1 双槽连接盘

表 6-1 双槽连接盘数控加工

程序段号	程序内容（发那科系统）	程序内容（西门子系统）	备注

程序段号	程序内容（发那科系统）	程序内容（西门子系统）	备注

任务二　螺纹管接头的加工

一、填空题

1. 磨削表面及车螺纹时为保证砂轮越程及螺纹车刀退刀，需在相应表面设置_____。

2. 数控加工工艺文件有_____、_____和_____等。

3. _____是编制加工程序的主要依据和操作人员进行数控加工的指导性文件。

4. 一般编制数控加工工序卡和数控程序是以一次_____的内容为单元进行的。

5. 一般数控加工刀具卡中应注明_____、_____、_____、_____及刀具材料和加工表面等信息。

6. 在数控车床上，除了试切法对刀外，还有_____对刀和_____对刀等先进对刀方法。

7. 在数控车床上使用机外对刀仪对刀时，为测量出刀具长度尺寸，需将刀具假想刀尖与对刀仪放大镜中的十字线交点_____才行。

8. 在数控车床上用内槽车刀加工沟槽时，_____进行对刀操作（选填"需要"或"不需要"）。

二、判断题

1. 零件表面上有尺寸规格相同的内、外直槽时，可使用同一把车槽刀车削。（　　）

2. 当零件表面上内、外螺纹公称直径和螺距相同时，可使用同一把螺纹车刀来车削内、外螺纹。（　　）

3. 数控加工工序卡中应该画工序简图或单独画出工序简图。（　　）

4. 编写数控加工程序时一般是以零件为单元编写一个个独立程序的。（　　）

5. 数控刀具卡中的刀具号必须与程序中的刀具号一致。（　　）

6. 因数控系统和数控机床生产厂家不同，数控加工程序单的格式也不相同。（　　）

7. 安装内槽车刀时应保证刀头垂直于工件轴线，防止刀头折断。（　　）

8. 当零件表面精度要求较高时，粗、精加工需严格分开进行。（　　）

9. 随着生产技术的进步，自动对刀将被越来越广泛地使用。（　　）

10. 内槽车刀安装时可略低于工件回转中心。（　　）

11. 机外对刀仪是在机床外进行对刀的一种方法。（　　）

12. 机外对刀仪对刀也属于手动对刀方法。（　　）

三、选择题

1. 用直进法车内直沟槽的指令是_____。

A. G00   B. G01   C. G02   D. G04

2. 以下不是数控加工工艺文件的是_____。

    A. 数控加工工序卡　　　　　　　B. 数控加工刀具卡

    C. 数控加工程序单　　　　　　　D. 数控机床说明书

3. 用于注明切削用量的数控加工工艺文件是_____。

    A. 数控加工工序卡　　　　　　　B. 数控加工刀具卡

    C. 数控加工程序单　　　　　　　D. 数控机床说明书

4. 发那科系统车较宽的内、外沟槽可用的循环指令是_____。（F）

    A. G71   B. G73   C. G74   D. G75

5. 发那科系统车内、外螺纹的循环指令是_____。（F）

    A. G71   B. G73   C. G75   D. G76

6. 西门子系统车较宽的内、外沟槽可用的循环指令是_____。（S）

    A. CYCLE90   B. CYCLE93（0）   C. CYCLE95（2）   D. CYCLE97（或 CYCLE99）

7. 西门子系统车内、外螺纹的循环指令是_____。（S）

    A. CYCLE90   B. CYCLE93（0）   C. CYCLE95（2）   D. CYCLE97（或 CYCLE99）

8. 内槽车刀常采用_____作为其刀位点。

    A. 左侧刀尖   B. 切削刃中间点   C. 刀杆顶点   D. 刀杆中心点

四、简答题

1. 常见的数控加工工艺文件有哪些?

2. 数控加工刀具卡的主要内容有哪些?

3. 简述机外对刀仪的对刀方法。

五、编程题

编写图 6-2 所示内螺纹轴的数控加工程序，填写表 6-2，并进行加工训练。材料为 45 钢，毛坯尺寸为 $\phi50mm \times 90mm$。

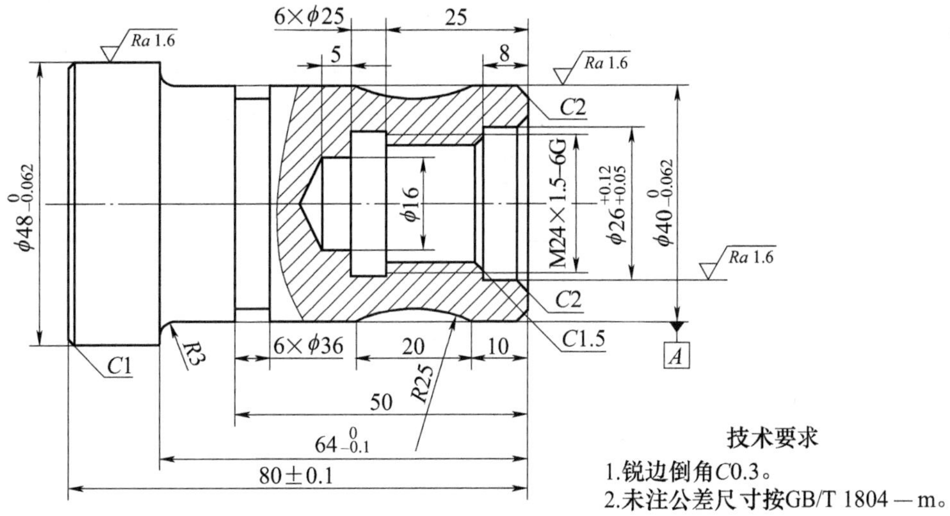

图 6-2 内螺纹轴

技术要求
1. 锐边倒角C0.3。
2. 未注公差尺寸按GB/T 1804—m。

表 6-2 内螺纹轴数控加工程序

程序段号	程序内容（发那科系统）	程序内容（西门子系统）	备注

程序段号	程序内容（发那科系统）	程序内容（西门子系统）	备注

（续）

程序段号	程序内容（发那科系统）	程序内容（西门子系统）	备注

*任务三　曲面螺纹锥度套件的加工

一、填空题

1. 有配合要求的内、外表面，加工时原则上先加工有配合要求的_____表面，再以_____表面为基准加工_____表面。

2. 自动对刀又称_____，能够极其准确地检测出刀具的坐标，还能在加工过程中自动检测出刀具的_____并报警或自动补偿。

3. 自动对刀仪有_____式自动对刀仪和_____式自动对刀仪两大类。

4. 非接触式自动对刀仪又称_____。

5. 非接触式自动对刀仪自动化程度很高，但设备复杂、造价较高，主要用于_____。

二、判断题

1. 内、外表面配合只有圆柱面与圆柱孔表面的配合。　　　　　　　　　　（　　）

2. 内、外表面配合件，一般先精加工容易加工的外表面。　　　　　　　　（　　）

3. 有配合要求的套件，通常需要将套件装配后加工，才能保证相应的位置精度要求。
（　　）

4. 自动对刀的精度较低，应用较少。（　　）

5. 自动对刀能自动精确地测量出刀具两个坐标方向的长度。（　　）

6. 自动对刀是数控加工技术发展的趋势之一。（　　）

7. 接触式自动对刀仪的对刀精度比非接触式自动对刀仪的对刀精度低。（　　）

8. 非接触式对刀仪是用穿过机床加工区域的激光束对刀具进行检测和调整的。（　　）

三、选择题

1. 如图 6-3 所示配合套件加工，为保证位置精度要求，定位基准应选择_____。

A. 件 1 外圆面　　　B. 件 2 外圆面　　　C. 件 3 外圆面　　　D. 件 1 与件 3 中心孔

2. 如图 6-4 所示配合套件加工，为保证位置精度要求，定位基准应选择_____。

A. 件 1 外圆面　　　B. 件 2 外圆面　　　C. 件 1 内孔面　　　D. 件 1 与件 2 中心孔

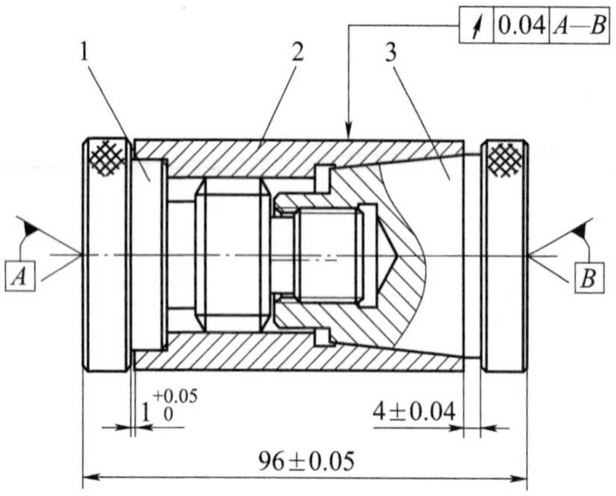

图 6-3　配合套件（一）

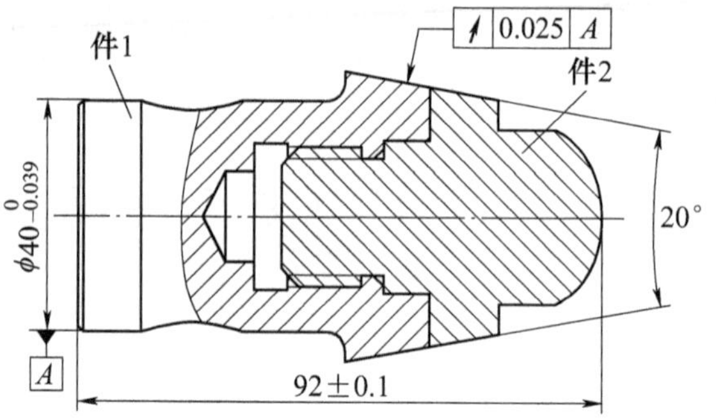

图 6-4　配合套件（二）

3. 数控车床上应用较广但效率、精度较低的对刀方式是_____。

A. 机外对刀仪对刀　　　　　　　B. 接触式对刀仪对刀

C. 非接触式对刀仪对刀　　　　　D. 手动对刀

4. 对刀效率最高、精度最高的对刀方式是_____。

A. 机外对刀仪对刀　　　　　　　B. 接触式对刀仪对刀

C. 激光对刀仪对刀　　　　　　　D. 手动对刀

5. 自动对刀仪_____。

A. 不能自动检测刀具坐标　　　　B. 不能自动检测刀具磨损

C. 不能自动检测刀具破损　　　　D. 能自动修正刀具补偿值

6. 非接触式对刀仪对刀采用的工具是_____。

A. 四面体探针　　　　　　　　B. 高精度测头

C. 激光束　　　　　　　　　　D. 信号传输接口

四、简答题

1. 常见自动对刀仪的种类有哪些?

2. 有配合要求的套件加工，如何保证相关技术要求?

五、编程题

如图 6-5~图 6-7 所示配合件，材料为 45 钢，件 1 和件 2 毛坯尺寸分别为 $\phi60\text{mm}\times$ 120mm、$\phi60\text{mm}\times60\text{mm}$。编写其数控加工程序，填写表 6-3，并进行加工训练。

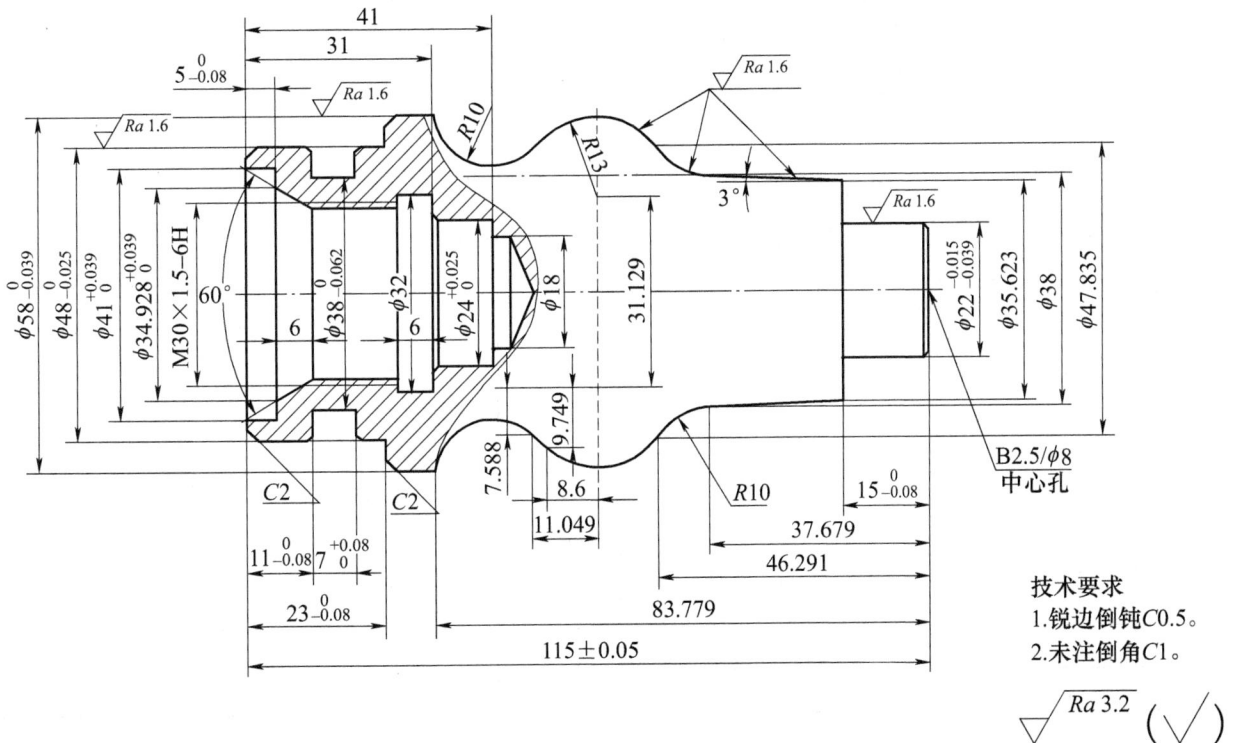

图 6-5　成形内螺纹套（件 1）

技术要求
1. 锐边倒钝C0.5。
2. 未注倒角C1。

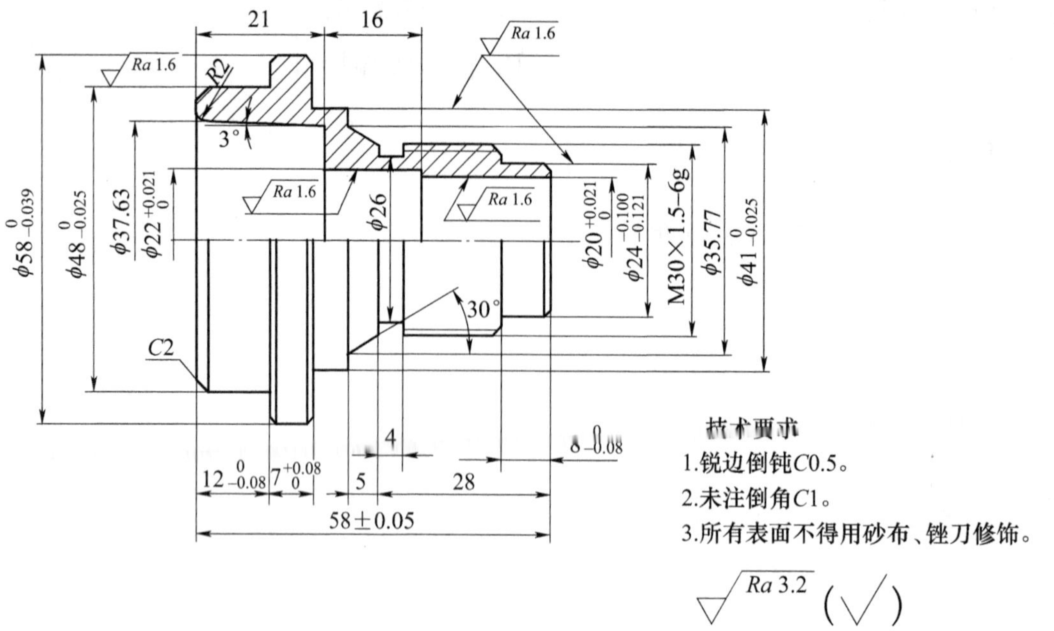

图 6-6　螺塞（件 2）

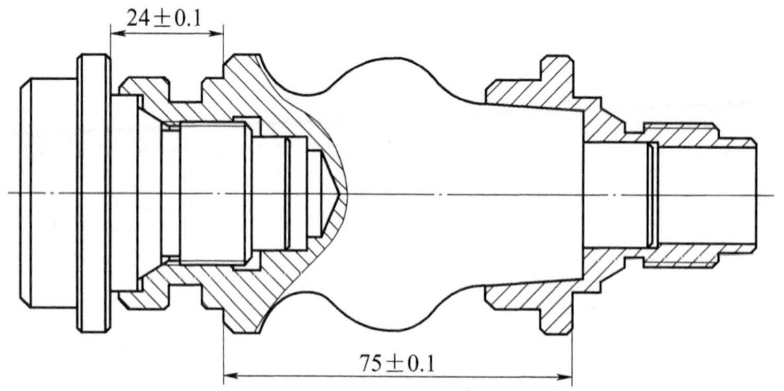

图 6-7　件 1、件 2 配合图

表 6-3　配合件数控加工程序

程序段号	程序内容	程序段号	程序内容

程序段号	程序内容	程序段号	程序内容

（续）

程序段号	程序内容	程序段号	程序内容

（续）

任务四 圆头电动机轴的 CAD/CAM 加工

一、填空题

1. CAD/CAM 的含义是_____。

2. 对于由_____曲线构成的回转体零件，手工编程困难，用 CAD/CAM 技术编程加工方便适用。

3. 常见的 CAD/CAM 软件有_____、_____和_____等。

4. 将程序传入数控机床有_____、_____和_____等方法。

5. 在 CAD/CAM 数控车软件中画出工件轮廓线、设置毛坯并画出毛坯轮廓线的过程又称_____。

6. 使用 CAD/CAM 数控车软件生成刀具轨迹前，应先将使用到的刀具添加到_____中。

7. 数控车 CAD/CAM 加工应先在软件中画出零件_____并设置毛坯轮廓，然后确定加工路线，生成_____，再生成_____，最后将程序传入数控机床中进行加工。

8. 在 CAD/CAM 软件中画零件轮廓时，工件原点应与软件坐标原点_____。

二、判断题

1. CAXA 数控车软件是具有自主知识产权的国产优秀 CAD/CAM 软件。 （ ）

2. CAD/CAM 数控车软件只能用于外圆、螺纹、圆弧面的加工，不能用于非圆曲面的加工。 （ ）

3. CAD/CAM 数控车软件对于难于手工编程的复杂曲面零件尤其适用。 （ ）

4. 用 CAD/CAM 数控车软件进行轮廓精车时，切削用量的设置可以与实际加工时的切削用量不一致。 （ ）

5. CAD/CAM 软件能自动生成数控加工程序。 （ ）

6. CAXA 数控车软件也能自动生成数控铣床加工程序。 （ ）

7. CAXA 数控车软件生成的数控程序可以存放在计算机中任意需要的位置。 （ ）

8. CF 卡传输程序是通过 RS232 接口实现的。 （ ）

9. 传输程序时，计算机传输软件中的参数设置与数控机床通信参数可以不一致。 （ ）

10. 数控加工工艺文件中的切削用量与数控车软件中生成刀具轨迹的切削用量没有任何关系。 （ ）

11. 数控车软件中生成刀具轨迹的次序就是加工时各表面的先后加工次序。 （ ）

12. 大部分数控车床可以实现在线加工。 （ ）

三、选择题

1. _____软件不具有 CAM 功能。

    A. AutoCAD   B. UG   C. Mastercam   D. CAXA

2. _____软件不是 CAD/CAM 软件。

    A. CAPP   B. Mastercam   C. UG   D. Creo

3. CAXA 数控车软件中绘制的轮廓曲线应是_____。

    A. 一条开放曲线   B. 多条开放式曲线

    C. 多条直线、曲线构成的封闭线   D. 与零件图一样的轮廓线

4. 用 CAXA 数控车软件加工外螺纹圆柱、螺纹退刀槽及外螺纹表面，生成程序时刀具轨迹拾取次序是_____。

    A. 车螺纹→车槽→精车外圆→粗车外圆

    B. 车槽→车螺纹→粗车外圆→精车外圆

    C. 粗车外圆→精车外圆→车螺纹→车槽

    D. 粗车外圆→精车外圆→车槽→车螺纹

5. CAXA 软件中某把刀具号的设置与该刀具在数控车床上的位置号应_____。

    A. 没有关系   B. 一致   C. 重新调整   D. 相反

6. CAXA 软件中，生成数控程序的子菜单是_____。

    A. 机床设置   B. 刀具库管理   C. 后置处理   D. 后置设置

7. CAXA 软件中，选择数控系统、设置指令代码的子菜单是_____。

    A. 机床设置   B. 刀具库管理   C. 代码生成   D. 后置设置

8. CAXA 软件中，确定程序名、程序段行号及起始号的子菜单是_____。

    A. 路线生成   B. 机床设置   C. 后置设置   D. 代码生成

四、简答题

1. CAXA 数控车软件中粗车轮廓参数如何设置？

2. CAXA 数控车软件如何进行线框仿真？

3. 数控机床程序传输有哪几种方式？

五、编程题

用 CAD/CAM 软件编写图 6-8 所示圆头螺纹轴的数控加工程序，填写表 6-4，并进行加工训练。材料为 45 钢，毛坯尺寸为 ϕ40mm×90mm。

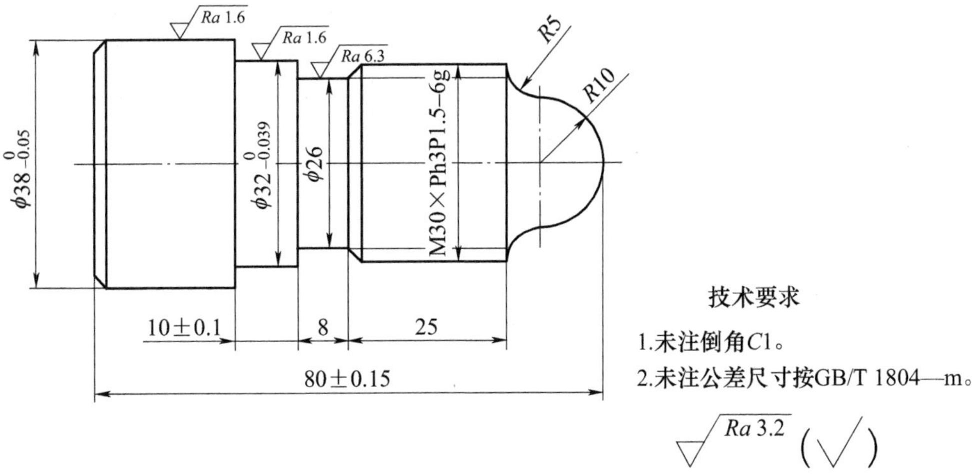

图 6-8　圆头螺纹轴

表 6-4　圆头螺纹轴数控加工程序

程序段号	程序内容	程序段号	程序内容

程序段号	程序内容	程序段号	程序内容

项目六测试训练

一、填空题（每空 1.5 分，共 30 分）

1. 为防止端面槽刀与工件表面发生_____现象，端面槽刀外侧面应磨成圆弧形。

2. 端面窄直槽一般用 G01 指令采用_____法切削。

3. 端面梯形槽可用端面_____刀分三次进给进行切削加工。

4. 发那科系统端面宽槽可以采用端面槽复合循环指令_____编程加工。（F）

5. 西门子系统车槽循环指令中，由设定参数____的值来确定是端面槽。（S）

6. 前置刀架数控车床，端面槽编程和加工时一般选_____刀尖作为刀位点。

7. 为保证砂轮越程及螺纹车刀退刀，需在相应表面设置_____。

8. 在数控车床上，除试切法对刀，还有____对刀和____对刀等先进对刀方法。

9. 试切法对刀属于_____对刀，对刀仪对刀属于_____对刀。

10. 非接触式自动对刀仪又称为_____。

11. 常见的 CAD/CAM 软件有_____、_____和_____等。

12. 将程序传入数控机床有_____、_____和_____等方法。

13. 在 CAXA 数控车软件中画出工件轮廓线及毛坯轮廓线的过程称为____。

14. 在 CAD/CAM 软件中画零件轮廓时，工件原点应与_____坐标原点重合。

二、判断题（每题 1 分，共 20 分）

1. 将外槽车刀平行于工件轴线方向装夹后，就可以用来车端面槽。　　　（　　）

2. 端面槽车刀内侧刀面圆弧半径应小于被车端面槽外侧圆弧半径。　　　（　　）

3. 车端面槽的转速可以选择得高一些，一般可达 1000r/min。　　　（　　）

4. 车端面槽的进给速度应选择得小一些，以防刀具折断。　　　（　　）

5. 精度不高的端面槽宽度尺寸可用游标卡尺测量。　　　（　　）

6. 当零件表面上内、外螺纹规格相同时，可使用同一把螺纹车刀来车削。　　　（　　）

7. 数控加工工序卡中应该有工序简图或单独画工序简图。　　　（　　）

8. 编写数控加工程序时一般是以零件为单元编写一个个独立程序的。　　　（　　）

9. 数控刀具卡中的刀具号与编程中的刀具号可以不一致。　　　（　　）

10. 随着生产技术的进步，手动对刀将被越来越广泛地使用。　　　（　　）

11. 内槽车刀安装时可略高于工件回转中心。 （　　）

12. 自动对刀的对刀精度高。 （　　）

13. 内、外表面配合只有内、外螺纹表面的配合。 （　　）

14. 内、外表面配合件，一般先精加工容易加工的外表面。 （　　）

15. 自动对刀是数控加工技术发展的趋势之一。 （　　）

16. CAD/CAM 数控车软件只能用于外圆、螺纹、圆弧面的加工。 （　　）

17. CAD/CAM 数控车软件对于难以手工编程的复杂曲面零件尤其适用。 （　　）

18. 数控车软件中生成刀具轨迹的次序就是加工时各表面的先后加工次序。 （　　）

19. CAXA 数控车软件生成的数控程序可以存放在计算机中任意的位置。 （　　）

20. 无线输入程序是通过 RS232 接口实现的。 （　　）

三、选择题（每题 1 分，共 15 分）

1. 车端面槽时，为避免刀具外侧刀面与工件表面干涉，外侧面磨成圆弧形的圆弧半径比被车端面槽外侧圆弧半径_____。

    A. 大   B. 小   C. 相等   D. 大或小

2. 直进法车端面槽时应采用的指令是_____。

    A. G00   B. G01   C. G02   D. G03

3. 车端面槽的进给量一般选择_____。

    A. 0.1mm/r   B. 0.5mm/r   C. 0.1m/r   D. 0.5m/r

4. 用可转位车刀车端面槽时，主轴转速一般选择_____。

    A. 50~100r/min   B. 100~200r/min

    C. 3000~400r/min   D. 300~400r/s

5. 安装内槽车刀时，刀头与工件轴线的关系是_____。

    A. 垂直   B. 平行   C. 倾斜   D. 夹 30°角

6. 用直进法车内、外直沟槽至槽底暂停的指令是_____。

    A. G01   B. G02   C. G03   D. G04

7. _____不是数控加工工艺文件。

    A. 数控加工工序卡   B. 数控机床说明书

    C. 数控加工程序单   D. 数控加工刀具卡

8. 内槽车刀常采用_____作为其刀位点。

    A. 左侧刀尖   B. 切削刃中间点

    C. 刀杆顶点   D. 刀杆中心点

9. 如图 6-9 所示套件加工，为保证位置精度要求，定位基准应选择_____。

A. 件 1 外圆面　B. 件 2 外圆面　C. 件 1 内孔面　D. 件 1 与件 2 中心孔

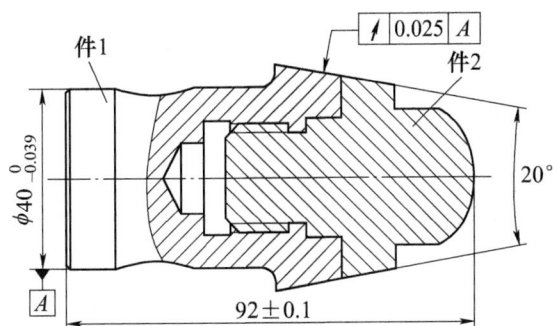

图 6-9　题 9 图

10. 数控车床上应用较广,但效率、精度较低的对刀方式是_____。

　A. 机外对刀仪对刀　　　　　B. 接触式对刀仪对刀

　C. 非接触式对刀仪对刀　　　D. 手动对刀

11. 对刀效率最高、精度最高的对刀方法是_____。

　A. 机外对刀仪对刀　　　　　B. 接触式对刀仪对刀

　C. 激光对刀仪对刀　　　　　D. 手动对刀

12. 非接触式对刀仪对刀采用的工具是_____。

　A. 四面体探针　B. 高精度测头　C. 激光束　　　D. 信号传输接口

13. _____软件不具有 CAM 功能。

　A. AutoCAD　　　B. UG　　　C. Mastercam　　　D. CAXA

14. _____软件不是 CAD/CAM 软件。

　A. Mastercam　　　B. CAPP　　　C. UG　　　D. Creo

15. 用 CAXA 数控车软件加工外圆、螺纹退刀槽及外螺纹表面,生成程序时刀具轨迹拾取次序是_____。

　A. 车螺纹→车槽→精车外圆→粗车外圆

　B. 车槽→车螺纹→粗车外圆→精车外圆

　C. 粗车外圆→精车外圆→车螺纹→车槽

　D. 粗车外圆→精车外圆→车槽→车螺纹

四、简答题（每题 5 分,共 15 分）

1. 对端面直槽刀的结构形状有何要求?为什么?

2. 常见的数控加工工艺文件有哪些？

3. 常见自动对刀仪的种类有哪些？

五、编程题（共 20 分）

编写图 6-10 所示成形螺塞的数控加工程序，并填写表 6-5。材料为 45 钢，毛坯尺寸为 $\phi 60\text{mm} \times 118\text{mm}$。

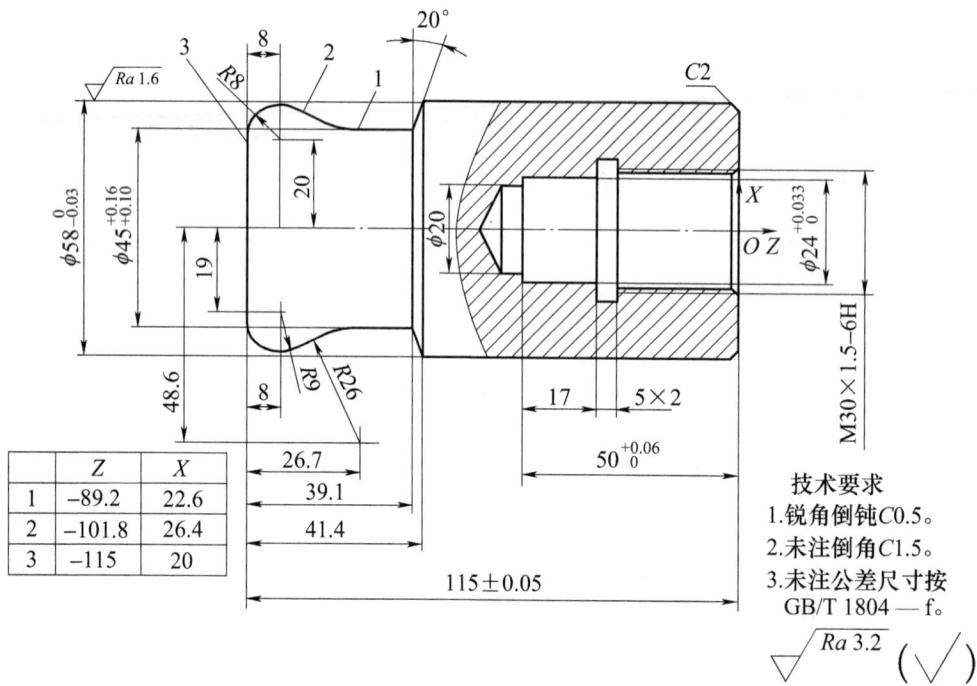

	Z	X
1	−89.2	22.6
2	−101.8	26.4
3	−115	20

技术要求
1. 锐角倒钝C0.5。
2. 未注倒角C1.5。
3. 未注公差尺寸按
GB/T 1804 — f。

图 6-10 成形螺塞

表 6-5 成形螺塞数控加工程序

程序段号	程序内容	程序段号	程序内容

（续）

程序段号	程序内容	程序段号	程序内容

附　　录

附录 A　综合测试试卷 I

一、填空题（每空 1 分，共 20 分）

1. 数控系统中 G00 指令的含义是_____，G01 指令的含义是_____。

2. 工件坐标系又称_____坐标系，是为方便_____而建立的坐标系。

3. 通孔车刀主偏角一般应小于_____。

4. 加工尺寸较小的圆弧形凹槽或半径较小的半圆槽，应选用_____车刀。

5. 用二维 CAD 软件辅助查找编程点坐标时，工件原点与 CAD 软件原点应____。

6. 在数控车床上采用圆弧插补指令时，_____平面选择指令应有效。

7. 车外轮廓上的凸圆弧面，采用菱形车刀容易发生_____刃干涉现象。

8. 车削圆心角大于 90°的圆弧面，常采用的粗车方法是_____。

9. 车削凸圆弧面，刀尖圆弧半径_____影响零件形状与尺寸精度。

10. 普通螺纹车刀刀尖角为_____。

11. 车削螺距较小的圆柱螺纹采用的进刀方式是_____。

12. 西门子系统车端面槽复合循环指令是_____。（S）

13. 圆锥螺纹常用于各种_____装置。

14. 发那科系统端面宽槽可以采用端面槽复合循环指令_____编程加工。（F）

15. 宽度较窄的内槽采用_____法进刀方式切削；宽度较宽、精度较高的槽则采用多次_____向进给粗车，再沿槽侧及槽底精车的方法。

16. CAD/CAM 的含义是_____。

17. 在 CAXA 数控车软件中画出工件轮廓线及毛坯轮廓线的过程称为____。

二、判断题（每题 1 分，共 20 分）

1. M02 指令表示子程序结束并返回。　　　　　　　　　　　　（　　）

2. 刀位点就是数控编程中代表刀具位置的点。　　　　　　　　（　　）

3. 数控车床常采用每转进给量，数控铣床常采用每分钟进给量。（　　）

4. 主程序可以调用子程序，子程序不能再调用其他子程序。　　（　　）

5. 粗车凹圆弧路径中，车同心圆法编程计算简单。　　　　　　（　　）

6. 数控车床使用圆弧插补指令时常指定 G19 平面。 （　　）

7. 用尖头车刀车凸圆弧一般不易产生主切削刃干涉。 （　　）

8. 采用车锥法粗车凸圆弧面时，刀具路径不能超过与圆弧相切的那条临界线。（　　）

9. 车精度较高的成形面需要使用刀尖圆弧半径补偿指令。 （　　）

10. 不能用轮廓循环指令粗车带圆弧的内轮廓表面。 （　　）

11. 硬质合金螺纹车刀用于低速车螺纹，高速工具钢螺纹车刀用于高速车螺纹。（　　）

12. 螺纹千分尺主要用于测量螺纹中径尺寸。 （　　）

13. 切削圆柱螺纹不需要设置空刀导入量和空刀退出量。 （　　）

14. 车圆锥螺纹的进刀方式与车普通圆柱螺纹基本相同。 （　　）

15. 发那科系统螺纹切削循环指令 G76 不能车圆锥外螺纹。（F） （　　）

16. 西门子系统螺纹切削循环 CYCLE97 （或 CYCLE99） 不可以车圆柱内螺纹。（S）

（　　）

17. 端面槽车刀外侧刀面圆弧半径应小于被车端面槽外侧圆弧半径。 （　　）

18. 外槽车刀不可以用来车内沟槽。 （　　）

19. CAD/CAM 数控车软件不能用于非圆曲面的加工。 （　　）

20. CF 卡传输程序是通过 RS232 接口实现的。 （　　）

三、选择题 （每题 1 分，共 20 分）

1. 数控车床对刀的目的是_____。
   A. 建立机床坐标系　　　　　　　　　　B. 回机床参考点
   C. 使刀具在工件坐标系中运行　　　　　D. 使工件在机床坐标系中运行

2. 机床 X 轴发生超程报警的消除方法是_____。
   A. 按复位键　　　　　　　　　　　　　B. 手动方式下，反方向移动 Z 轴
   C. 按急停按钮　　　　　　　　　　　　D. 手动方式下，反方向移动 X 轴

3. 车带阶梯的成形面，应选择_____。
   A. 圆头车刀　　　　B. 菱形车刀　　　　C. 尖头车刀　　　　D. 内孔车刀

4. 逆时针圆弧插补指令是_____。
   A. G00　　　　　　B. G01　　　　　　C. G02　　　　　　D. G03

5. 车内轮廓时，凹圆弧插补指令是_____。
   A. G01　　　　　　B. G02　　　　　　C. G03　　　　　　D. G04

6. 在外轮廓表面上车凸圆弧的指令是_____。
   A. G01　　　　　　B. G02　　　　　　C. G03　　　　　　D. G02 或 G03

7. 发那科系统，刀具起点在 （0，0），执行指令 G03 X40 Z-20 R20 F0.2;加工圆弧，若用 "终点坐标+圆心坐标" 表示，则 I 值为_____。（F）
   A. 0　　　　　　　B. 40　　　　　　　C. -20　　　　　　D. 20

8. 车无预制孔的内圆弧，车刀主偏角应_____。

149

A. 大于 90°   B. 小于 90°   C. 大于 0°   D. 小于 0°

9. 西门子系统指令格式 G01 X _ Z _ F _ RND = _; 中，"Z""X"是指 _____。（S）

     A. 起点坐标   B. 终点坐标   C. 拐点坐标   D. 临界点坐标

10. 车 M20×2-6h 螺纹前，底圆柱面直径应为 _____。

     A. 2mm   B. 10mm   C. 19.8mm   D. 20mm

11. 设置空刀导入量、空刀导出量的原因是 _____。

     A. 切削方便   B. 防止撞刀

     C. 方便排屑   D. 避免螺纹导程不正确

12. 车 M20×2-6H 圆柱内螺纹前，圆柱孔直径为 _____。

     A. ϕ18mm   B. ϕ20mm   C. ϕ19.8mm   D. ϕ2mm

13. 车圆锥螺纹，若圆锥半角小于 45°，则螺距是指 _____。

     A. Z 方向螺距   B. X 方向螺距   C. I 方向螺距   D. K 方向螺距

14. 车 M12×1 螺纹，进刀次数一般为 _____。

     A. 1 次   B. 2 次   C. 3 次   D. 5 次

15. 使用螺纹切削指令车削圆锥螺纹，螺纹车刀应位于 _____。

     A. 切削起点   B. 循环起点

     C. 与终点 X 坐标相同点   D. 与终点 Z 坐标相同点

16. 车内螺纹前，孔底直径应 _____ 内螺纹小径。

     A. 大于   B. 小于   C. 等于   D. 小于或等于

17. 车圆锥螺纹常采用的进刀方式是 _____。

     A. 左右切削法   B. 斜进法   C. 分次进给法   D. 直进法

18. 西门子系统车较宽的内沟槽，可用的循环指令是 _____。（S）

     A. CYCLE90   B. CYCLE93(0)

     C. CYCLE95(2)   D. CYCLE97（或 CYCLE99）

19. 发那科系统车径向沟槽的循环指令是 _____。（F）

     A. G71   B. G74   C. G75   D. G76

20. CAXA 软件中某把刀刀具号的设置与该刀具在数控车床上的位置号应 ____。

     A. 没有关系   B. 一致   C. 重新调整   D. 与刀具名一致

四、简答题（每题 5 分，共 15 分）

1. 什么是顺时针圆弧插补？其指令格式是什么？

2. 什么是基点？基点有何作用？

3. 数控机床程序传输有哪几种方式？

五、编程题（共 25 分）

编写图 A-1 所示成形螺纹轴的数控加工程序，并填写表 A-1。材料为 45 钢，毛坯尺寸为 $\phi30\text{mm}\times55\text{mm}$。

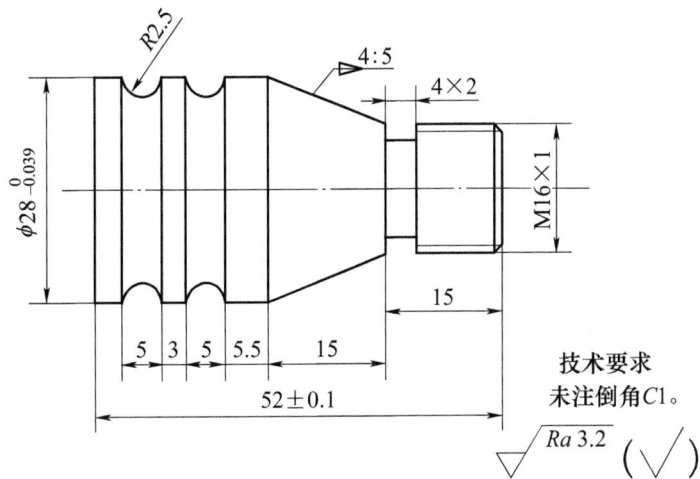

图 A-1　成形螺纹轴

表 A-1　成形螺纹轴数控加工程序

程序段号	程序内容	程序段号	程序内容

（续）

程序段号	程序内容	程序段号	程序内容

（续）

152

附录 B 综合测试试卷 II

一、填空题（每空 1 分，共 25 分）

1. 数控机床坐标系一般规定_____相对于静止_____而运动的原则。

2. G54 指令的含义是_____，M08 指令的含义是_____。

3. 圆头车刀常取刀头的_____作为刀位点。

4. 凸圆弧面的形状精度一般用_____测量。

5. 粗车凸圆弧面的车削方法有车_____和车_____。

6. 车内轮廓凸圆弧面的指令是_____，车内轮廓凹圆弧面的指令是_____。

7. 车外轮廓圆弧面使用的刀尖圆弧半径补偿指令是_____。

8. M20×2 螺纹螺距为_____mm，牙高为_____mm。

9. 车螺纹时，为避免切削力过大而损坏刀具，每次进刀深度应越来越____。

10. 车圆柱螺纹，为防止生产不正确导程，需要留空刀导入量和_____。

11. 车圆锥螺纹时，刀头对称平面应与工件轴线_____。

12. 若一管螺纹每英寸 20 牙，则其螺距为_____mm。

13. 西门子系统圆锥螺纹切削循环指令代码是_____。（S）

14. 发那科系统圆锥螺纹单一切削循环指令代码是_____。（F）

15. 发那科系统，可以车内螺纹的指令有_____、_____和_____。（F）

16. 为防止切削端面槽时发生干涉现象，端面槽刀外侧面应磨成_____。

17. 西门子系统，当内沟槽尺寸较大时，可调用_____循环指令来切削。（S）

18. 对于由_____曲线构成的回转体零件，用 CAD/CAM 技术编程加工方便。

二、判断题（每题 1 分，共 20 分）

1. 数控车床上常采用半径编程。 （ ）

2. 基点坐标是编写数控加工程序的重要数据。 （ ）

3. 子程序不需要程序结束指令。 （ ）

4. 带阶梯的成形面宜用成形车刀切削。 （ ）

5. 车成形面时，车刀刀尖与工件回转中心不等高，将会影响零件表面形状及精度。

    （ ）

6. 车外轮廓表面凹圆弧用 G02 指令。 （ ）

7. 在数控车床上使用圆弧插补指令时，半径值可以为负。 （ ）

8. 车成形面时，刀尖圆弧半径不影响表面的形状和精度。 （ ）

9. 小螺距螺纹适宜采用直进法切削。　　　　　　　　　　　　　　（　　）

10. 车螺纹时，可用外圆车刀车削。　　　　　　　　　　　　　　（　　）

11. 螺纹切削指令一般都可以用来车削多线螺纹。　　　　　　　　（　　）

12. 车圆锥螺纹前先应将工件车削成相应尺寸的圆锥面，再车螺纹。（　　）

13. 西门子系统 G33 指令只能车圆柱螺纹，不能车圆锥螺纹。（S）（　　）

14. 外螺纹车刀也可以用来车内螺纹。　　　　　　　　　　　　　（　　）

15. 车内螺纹前最好测试一下内螺纹车刀是否会发生干涉现象。　（　　）

16. 发那科系统使用 G76 指令车内螺纹，车刀循环起点应处于螺纹孔径以外。（F）
　　　　　　　　　　　　　　　　　　　　　　　　　　　　　　（　　）

17. 端面梯形槽可以用直槽刀分三次进给进行切削。　　　　　　（　　）

18. 尺寸较大的内沟槽需采用多次横向粗车、再精车的方法进行加工。（　　）

19. 内槽车刀的强度较高，加工时切削用量需选择较大值。　　　（　　）

20. CAD/CAM 数控车软件对于难以手工编程的复杂曲面零件尤其适用。（　　）

三、选择题（每题 1 分，共 20 分）

1. 数控车床常用的两个坐标轴是_____轴。

    A. X 和 Y　　　　　B. X 和 Z　　　　　C. Y 和 Z　　　　　D. A 和 B

2. 以下不需要回机床参考点的情况是_____。

    A. 重新接通电源　B. 超程报警　　　C. 换刀之后　　　D. 按下紧急停止按钮

3. 车圆弧面，车刀刀尖应_____工件回转中心。

    A. 等高于　　　　　B. 略低于　　　　　C. 略高于　　　　　D. 高于或低于

4. 粗车圆心角大于 90° 的凸圆弧，常采用的方法是_____。

    A. 车球法　　　　　B. 车锥法　　　　　C. 车三角形法　　D. 车梯形法

5. 车某一段圆弧，前置刀架用 G02 指令，后置刀架用_____指令。

    A. G01　　　　　　B. G02　　　　　　C. G03　　　　　　D. G02 或 G03

6. 适用于粗、精加工 $P \geqslant 3$mm 的螺纹的进刀方式是_____。

    A. 直进法　　　　　B. 斜进法　　　　　C. 左右切削法　　D. 直进法和斜进法

7. 车标准圆锥管螺纹车刀的刀尖角一般是_____。

    A. 20°　　　　　　B. 30°　　　　　　C. 40°　　　　　　D. 55°

8. 普通螺纹车刀的刀尖角为_____。

    A. 30°　　　　　　B. 40°　　　　　　C. 55°　　　　　　D. 60°

9. 车削螺距小于 3mm 的螺纹，应采用的进刀方式是_____。

    A. 直进法　　　　　B. 斜进法　　　　　C. 左右切削法　　D. 都可以

10. 能测量螺纹中径尺寸的量具是_____。

A. 螺纹样板　　　B. 螺纹千分尺　　　C. 螺纹环规　　　D. 螺纹塞规

11. 西门子系统圆柱螺纹切削指令为_____。（S）

A. G30　　　　　B. G31　　　　　C. G32　　　　　D. G33

12. 标准圆锥螺纹锥度一般为_____。

A. 1：2　　　　　B. 1：5　　　　　C. 1：10　　　　　D. 1：16

13. 西门子系统 G33 X40 Z-10 K4；螺纹加工指令中，螺距是指_____。（S）

A. Y 轴方向螺距　B. Z 轴方向螺距　C. X 轴方向螺距　D. I 方向螺距

14. 发那科系统中，使用 G76 指令车内螺纹，循环起点应位于_____。（F）

A. 工件原点　　　　　　　　　B. 机床原点

C. 内孔以内且距右端面一定距离　D. 外圆以外且距左端面一定距离

15. 车端面 T 形槽或燕尾槽至少需要分_____次车削加工。

A. 1　　　　　B. 2　　　　　C. 3　　　　　D. 4

16. 发那科系统，可以车端面槽的循环指令是_____。（F）

A. G70　　　　　B. G71　　　　　C. G73　　　　　D. G74

17. 安装端面槽车刀时，端面槽车刀刀头与工件轴线的关系是_____。

A. 垂直　　　　　B. 平行　　　　　C. 倾斜　　　　　D. 夹 30°角

18. 用直进法车内沟槽的指令是_____。

A. G00　　　　　B. G01　　　　　C. G02　　　　　D. G03

19. 用可转位车刀在数控车床上车内沟槽，较适宜的转速是_____。

A. 100~200r/min　　　　　　　　B. 300~400r/min

C. 600~700r/min　　　　　　　　D. 800~1000r/min

20. _____软件不是 CAD/CAM 软件。

A. CAPP　　　　　B. Mastercam　　　　　C. UG　　　　　D. CAXA

四、简答题（每题 5 分，共 15 分）

1. 什么是机床参考点？为什么开机后要回机床参考点？

2. 在数控车床上，内圆弧面粗车余量如何去除？

3. 车普通螺纹前，外螺纹底圆柱直径如何确定？为什么？

五、编程题（共 20 分）

编写图 B-1 所示零件的数控加工程序，并填写表 B-1。材料为 45 钢，毛坯尺寸为 $\phi38mm \times 64mm$。

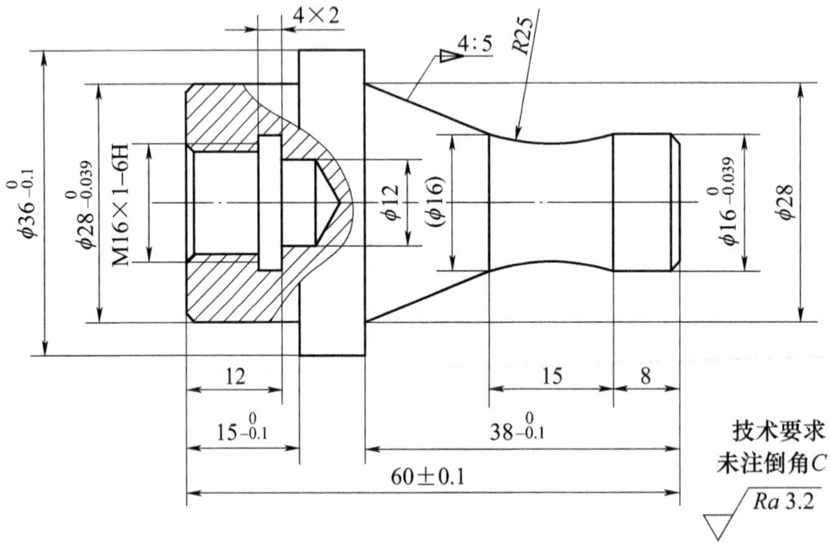

图 B-1　编程题零件图

表 B-1　零件数控加工程序

程序段号	程序内容	程序段号	程序内容

程序段号	程序内容	程序段号	程序内容